智能制造与装备制造业转型升级丛书

机器人智能运动规划技术

祁若龙　张　珂　编著

机械工业出版社

本书以机器人智能决策与轨迹规划方法为研究对象，将机器人系统执行任务过程中的非确定性分为加工对象几何信息非确定性、动态特性非确定性以及运动与传感非确定性三大类，分别加以介绍和分析，阐明了机器人智能运动规划技术的实现途径。

本书可供机器人自主运动决策和智能规划的研发与学习人员参考，也可供自动化、机械等相关专业的工作人员阅读。

图书在版编目（CIP）数据

机器人智能运动规划技术/祁若龙，张珂编著. —北京：机械工业出版社，2021.4（2022.1重印）
（智能制造与装备制造业转型升级丛书）
ISBN 978-7-111-67745-1

Ⅰ.①机… Ⅱ.①祁… ②张… Ⅲ.①工业机器人-研究 Ⅳ.①TP242.2

中国版本图书馆 CIP 数据核字（2021）第 043167 号

机械工业出版社（北京市百万庄大街 22 号 邮政编码 100037）
策划编辑：李小平 责任编辑：李小平 王海霞
责任校对：潘 蕊 封面设计：鞠 杨
责任印制：郜 敏
北京盛通商印快线网络科技有限公司印刷
2022 年 1 月第 1 版第 2 次印刷
169mm×239mm · 7.5 印张 · 129 千字
1501—2500 册
标准书号：ISBN 978-7-111-67745-1
定价：59.00 元

电话服务　　　　　　　　　网络服务
客服电话：010-88361066　　机 工 官 网：www.cmpbook.com
　　　　　010-88379833　　机 工 官 博：weibo.com/cmp1952
　　　　　010-68326294　　金 书 网：www.golden-book.com
封底无防伪标均为盗版　机工教育服务网：www.cmpedu.com

▌前 言

随着世界各国航空航天、核工业、海洋探测和工业自动化技术的不断发展，机器人越来越多地被应用于大型复杂曲面零件的高精度加工、高危环境的自主作业以及高精度微细操作等复杂任务中。传统的依赖示教和确定性运动定义的轨迹规划方法已经不能满足高端制造和前沿技术领域的智能化需求，具有一定自主决策和规划能力的第三代机器人成为当前世界各国机器人技术研究的方向和焦点。

智能轨迹规划是新一代机器人运动决策的必要手段。存在非确定性信息的条件下，为了使机器人得到最优的运动轨迹，需要智能轨迹规划算法的支撑。本书以中国人民解放军总装备部"中国空间站空间科学手套箱系统研制"、国家科技重大专项（2010ZX04007-11）、国家重点研发计划（2016YFB1100502）、国家自然科学基金（51775542）、中国博士后基金（2019M651145）、辽宁省自然科学基金（2019-ZD-0063）、机器人学国家重点实验室开放课题（2019-O21）为依托，针对现有非确定性信息影响下轨迹规划理论和实践应用的不足，将机器人系统执行任务过程中信息的非确定性分为三个方面，即机器人加工对象几何信息非确定性、机器人运动动态特性非确定性以及机器人运动与传感非确定性，并分别介绍了相应的规划算法，最终得到非确定性信息影响下机器人的最优运动轨迹，提升了机器人运动的精确性、安全性和稳定性。本书着重阐述以下智能轨迹规划方法：

（1）在机器人加工对象几何信息非确定性轨迹规划方面 提出一种离线高精度估计轨迹规划方法。针对高精度机器人加工，讨论机器人轨迹规划过程中与被加工对象之间以及被加工对象本身存在几何非确定性误差时，通过测量加工一体化手段实现机器人高精度加工。提出了基于接触式稀疏点测量的高阶连续分段五次样条拟合方法、法向矢量估计方法，并以机器人搅拌摩擦焊接为例，实现了针对非确定性几何信息的机器人测量加工一体化轨迹规划方法，完成了高精度加工。

（2）在机器人运动动态特性非确定性轨迹规划方面 提出一种运动特性

多目标轨迹规划方法。在已知机械臂目标位置的情况下，针对机器人中间运动过程动态特性的非确定性，提出了一种在关节空间内的高次样条轨迹描述模型。提取了关键轨迹参数，通过遗传算法进行求解，在优化系统动力学性能的同时，最终得到了一条速度和加速度连续、关节转矩不超过机器人关节转矩极限、关节和末端运动行程较短、运动时间较短，并且能够使整个机械臂成功避开障碍的一条理想轨迹，实现了动态特性非确定性条件下机器人的多目标轨迹规划方法。

（3）在机器人运动与传感非确定性轨迹规划方面　提出了一种机器人受运动和传感误差影响时的轨迹规划和轨迹成功概率评估方法。这种轨迹规划方法是通过建模、概率论及其几何化方法将机器人系统运动与传感随机误差的非确定性相结合，得到机器人在笛卡儿坐标下的期望和方差，定性地判定机器人是否能和周围环境发生干涉碰撞，对机器人系统各位置在整个运动过程的误差概率分布进行估计，并计算机器人到达指定位置区域的成功概率，实现了在轨迹规划阶段考虑机器人操作的成功概率。

本书最后介绍了通过面向对象的模块化编程方法搭建机器人运动控制与图形仿真系统，其开放式体系结构能够兼容多自由度串联结构机器人的控制和仿真。依托该机器人控制与图形仿真系统，对本书提出的轨迹规划算法开展了系统仿真和实验验证，证明了本书提出的轨迹规划方法的有效性和实用性。

祁若龙

2021 年 1 月

▮目 录

第 1 章

导　　论

1.1　背景及意义

自 1954 年世界首台由数字和程序控制的机器人在美国诞生以来，机器人技术逐渐将人类从极限、危险、繁重的重复性劳动及其能力无法企及的任务中解放出来。尤其是在进入 21 世纪后，机器人技术受到世界各国关注，成为学术研究和工程实际应用的热点领域之一。根据国际机器人联合会（IFR）的统计，2018 年全球新增机器人 24.8 万台，同比增长 15%，如图 1-1 所示。随着工业现代化进程的发展，我国的机器人销量保持快速增长，2018 年新增销量占世界机器人总销量的 35.5%，成为目前世界上最大的机器人消费国。

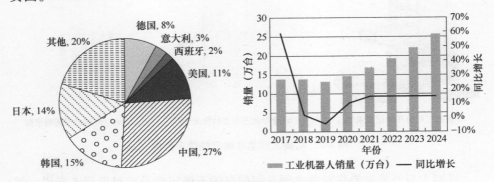

图 1-1　世界机器人销量及其变化趋势

为满足世界各国航空航天、核工业、海洋探测和工业自动化的需求，机器人越来越多地被应用于大型复杂零件的高精度加工、高危环境的自主作业以及高精度微细操作等复杂任务中。传统的基于示教和确定性运动定义的工业机器人已经不能满足高端制造和前沿技术领域的智能化需求，能够进行智能决策的第三代机器人成为当前世界各国机器人技术研究的方向和焦点。新一代智能机器人应用的关键技术包括智能感知技术、自主学习能力和自主运动规划能力。

机器人的运动离不开先进轨迹规划算法的支撑，基于不确定信息的最优运动决策功能是实现机器人自主运动规划能力的关键。传统的轨迹规划方法大多基于确定的几何模型和示教操作。基于模型的轨迹规划方法是建立在确定性模型信息基础上的，对机器人的操作对象进行加工和操作规划后，由操作者设置机器人操作对象坐标系和模型轨迹坐标系之间的对应关系。示教操作是由操作者定义机器人运动过程中需要经过的轨迹点，用简单的几何图形连接轨迹点，由机器人重复调用执行。但随着机器人所执行任务复杂程度的提高，很多任务不能预先定义，需要机器人通过智能算法对其自身运动进行自主优化与决策。但在机器人进行运动决策的过程中，很多情况存在多种信息非确定性。这些信息包括加工对象几何信息、运动与传感信息、运动动态特性信息等。

总体上，机器人运动的非确定性大体可以分为三种情况，如图 1-2 所示：

1）机器人与外部被加工对象之间的几何信息具有不确定性。

2）机器人到达目的位置避障轨迹的动态特性具有不确定性。

3）机器人运动与传感误差对操作精度的影响具有不确定性。

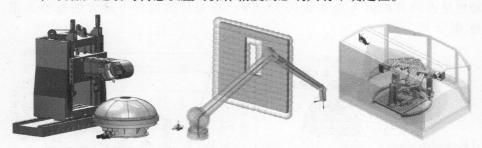

a) 被加工对象几何信息未知　　b) 避障轨迹动态特性未知　　c) 运动与传感误差影响未知

图1-2　机器人运动非确定性情况分类

机器人与外部被操作对象之间几何信息的不确定性是指对机器人来说，被操作对象的确切几何形状和机器人与被操作对象之间的相对位置关系是未知的。现以大型复杂曲面零件的搅拌摩擦焊接加工为例进行说明，如图 1-2a 所示。大型复杂曲面薄壁零件大多是冲压成形的，零件在冲压制造、制造修形、运输挤压、应力释放、焊接装夹等过程中都存在不可预知的变形。传统制造方法是采用高精度矫形工装，将变形后的曲面通过工装矫正成与模型完全一致的形状。通过基于模型的轨迹规划方法得到固化的运动轨迹，直接进行搅拌摩擦焊接加工。由于搅拌摩擦焊接的精度要求较高，因此工装的装夹精度更高，一套矫形工装的成本远远高于搅拌摩擦焊接机器人的成本，美国航空航天局（NASA）的火箭圆柱段工装耗资折合人民币近 1 亿元，且一旦被加工零件的尺寸发生改变，就需要重新设计工装，造成了极大的浪费。因此，如何借助自身传感器对被加工零件的几何信息非确定性进行测量和轨迹规划，是机器人进行外部信息采集和运动决策的一个典型关键问题。

机器人到达目的位置避障轨迹动态特性的不确定性是指在已知目的位置的情况下，机器人运动的中间过程是不确定的。以空间机械臂的运动为例，出于安全、稳定、节能等方面的需求，机械臂轨迹规划需要同时满足以下工作特性要求：机械臂全局避障；任意时刻各关节不超过其最大转矩；轨迹速度、加速度连续；规划轨迹使各关节角运动量最小；机械臂末端轨迹长度最短；机械臂运动时间最短；对于有解的情况不允许算法失效。现有的机械臂轨迹规划方法虽然非常丰富，并且不乏成熟度很高的优秀规划策略，但都很难同时满足以上各种相互关联、相互影响的性能指标。例如，在缩短机械臂运动时间、增大机械臂速度和加速度的同时，可能造成转矩过大；能够避开障碍的轨迹各轴运动角度和末端执行量可能很大，增加了作业时间和风险。采用什么样的算法能够使机器人在众多可行轨迹中得到同时满足多目标要求、动态性能最为平稳的最优轨迹，是机器人运动决策的又一关键问题。

机器人运动与传感误差对操作精度影响的不确定性在于机器人的运动不可避免地存在运动误差，同时传感器也存在测量误差。由于机器人系统受控制模型偏差和外部扰动、位置、速度传感器误差等过程噪声和观测噪声的非确定性影响，机器人会偏离原有的预定义轨迹。这种轨迹偏离在确定性很强的机器人传感和控制系统（如带有高精度光栅的工业机床数控系统）中体现得并不明显。但对于确定性较弱的控制系统，如视觉导航的自主移动小车、惯性制导的无人机、末端精度要求较高的机械臂系统等，由于传感器观测误差和控制过程误差的影响，机器人并不能保证完全精确地跟踪预定义轨迹，而是在沿轨迹行走的每一时刻都存在偏离轨迹的概率。这种运动的非确定性会对机器人的运动安全性和精细操作的成功概率产生一定的影响。例如，在误差影响下，机器人在运动过程中存在偏离预定义轨迹与环境发生干涉碰撞的可能，也不能完全保证准确地到达目的位置。因此，基于机器人运动与传感非确定性的轨迹评估和优化是机器人运动规划与决策的另外一关键问题。

我国的机器人研究起步较晚，虽然近些年来很多国内研究机构和学者在机器人领域取得了很多成就，但在机器人关键技术和前沿研究领域仍然相对薄弱。国内至今还没有一款成熟的、具有自主知识产权的机器人控制系统，在先进控制方法、智能决策技术和运动规划等方面与国外同类研究也有一定差距。国外将机器人控制系统作为机器人关键技术，对我国实行技术封锁，一般只将应用层接口提供给用户进行操作，不具备系统开放性，不能作为科学技术研究的实验平台。因此，编写便于进行功能扩展与算法修改的机器人运动控制与图形仿真系统是机器人智能决策研究的基础和必要手段。

本书将机器人执行任务过程中的运动轨迹不确定性分为机器人操作对象的几何信息不确定性、机器人自身运动的不确定性，以及机器人运动和传感误差带来的不确定性三个方面，以自主研制的机器人开放式运动控制与图形仿真系统为智能轨迹规划的仿真平台和实验验证的运动控制器。选择和提出工程实际中待解决的典型关键问题，研究机器人在三种非确定性因素影响下的规划理论和方法。其意义在于：

1）基于机器人加工对象几何信息非确定性的轨迹规划方法能够使机器人借助自身传感器对被加工零件进行精确的位置感知和重建。本书采用离线高精度估计方法将感知、重建、决策、运动融为一个有机整体，在节约工装成本和减少人员参与的同时实现机器人的高精度加工。

2）机器人运动动态特性的非确定性轨迹规划方法是机器人在面临突发任务时或在动态环境下进行运动决策与优化的关键问题。本书提出的运动动态特性多目标轨迹规划方法能够使机器人在多目标任务需求下，以最优的动态特性完成点到点的运动规划，同时可保障系统运动的平稳性和安全性。

3）基于机器人系统运动与传感随机误差的非确定性规划方法对机器人系统各位置的误差概率分布进行估计，并计算机器人到达指定位置区域的成功概率。对方差进行几何化表达后，可以定性地判定机器人是否能和周围环境发生干涉碰撞，从而能够在轨迹规划阶段对机器人操作的成功概率进行先验估计。

4）突破现有非开放式机器人控制系统对算法的固化和限制，通过面向对象的模块化编程方法构建自主知识产权的机器人运动控制与图形仿真系统平台，能够兼容一般串联结构的机器人系统。从而以该平台为工作基础，对本书算法开展仿真和实验验证。

总体来说，本书将深入讨论机器人系统在几种信息非确定性的影响下，进行自主智能轨迹规划的算法和实现方法，对机器人系统在非确定性信息影响下的自主智能运动决策有促进意义。

1.2　机器人运动规划研究现状及趋势

1.2.1　机器人加工对象几何信息非确定性轨迹规划研究现状

　　机器人因运动灵活、工作空间大，而越来越多地被应用在机械加工领域，如焊接、喷涂、打磨抛光等。机器人对其所处的工作环境存在非确定性认知，包括运动目标位置的不确定和运动环境的不确定。

　　这类问题在移动机器人的研究中通常被定义为同步定位与建图（Simultaneous Localization and Mapping，SLAM）问题。在机械加工领域，数控加工方法及其轨迹规划已经成熟；但在机器人加工中，机器人会面临加工对象空间位置不确定的情况，这是因为机器人加工轨迹的规划在方法上与数控加工有着较为明显的差异。数控加工多为去除材料的减材制造，采用基于模型的轨迹规划方法，规划的轨迹路径都是以起始加工位置为基准的一系列刀位点。只要毛坯足够大，即使通过对刀操作确定的起始加工位置存在差异，也可以加工出完全相同的工件。但是，机器人加工基本上都是非材料去除加工，需要指定机器人与被加工工件之间的精确坐标关系和工件的实际数学模型。当机器人与工件之间的坐标关系不确定或工件存在几何变形，实际几何形状与理论数学模型之间存在误差时，原有基于理论模型的轨迹规划方法将很难适应高精度的机器人加工。国内外学者针对此类问题提出了各自相应的解决方案。

　　天津大学孙涛利用机器人建立柔性制造单元，来解决机器人加工过程中与工件空间几何关系的非确定性问题，进行了严格的坐标关系标定和位姿补偿；天津大学王飞、邾继贵、董峰也通过严格的标定方法来解决机器人与操作对象之间的几何关系非确定性问题。但是这种方法由于工作量大、准备时间长、操作过程和计算过程复杂，很难满足机器人大规模、高效率加工的需求。

　　在简化标定工作流程、减少机器人加工准备工作时间方面，Saverio 等人的工作非常有借鉴意义。他们利用射频识别（Radio Frequency Identification，RFID）技术在机器人操作对象内贴特征点，当机器人在操作对象表面移动时，通过 RFID 特征点来校准实际工件与理论模型之间的误差。

　　吉林大学赵军针对焊缝进行自主磨抛，在自主抛光加工前，为了解决空间曲线焊缝抛光位姿的不确定性问题，对焊缝进行高精度测量、定位，实时得到焊缝的三维几何信息，从而计算抛光参数。通过双目视觉、结构光辅助方法，在焊缝识别、焊缝特征提取、特征点定位、磨抛余量检测等方面开展了一系列工作，成功地解决了大型复杂曲面焊缝机器人自主打磨抛光的问题。中国计量大学宋亚勤、张斌采用激光扫描式测量仪作为机器人的手眼测量设备，用于空间 U 形焊缝的检测。由于激光视觉测量方法中视觉相机的安装位置和机器人坐标系之间也存在非确定性关系，因此需要进行视觉坐标系与机器人坐标系的标定。首都航天机械有限公司也采用激光视觉测量方法在加工易变形大型壳体材料前对其进行全局测量，构建工件实际几何模型。在机器人进行实际加工前，采用结构光辅助视觉测量方法对工件进行实际测量有助于机器人确定其与工件之间的非确定性几何关系。但是，基于视觉的测量方法从测量原理上来讲纵深方向的误差较大，结构光测量很容易受到工件镜面反射的影响，而导致测量精度降低甚至失效。

江苏大学吕继东研制的苹果采摘机器人采用视觉 RGB（即红、绿、蓝）色彩模式分辨"苹果""叶子"和"天空"，以双目视觉计算目标点和其他特征点的位置后进行轨迹规划，实现机械臂抓取和避障功能，从目标分辨和目标位置计算两个层面解决机械臂与环境之间几何关系非确定性的问题。中国运载火箭技术研究院陈雨杰使用机器人自主安装舱段设备，对基于模型的预定义轨迹进行基于视觉的目标点识别和轨迹修正，来解决机器人装配轨迹规划中理论模型与实际工位不匹配的空间几何非确定性问题。

由大连理工大学郭东明院士提出的测量加工一体化方法就是从分析零件特征入手，通过活动标架与曲面相伴理论，利用微分几何、鞍点规划等数学方法研究零件加工后特性与加工约束的关系，从而最终建立误差测量、修正补偿的调节机制。测量加工一体化方法就是在分析零件曲面特性的基础上，进行基于测量信息的多源约束面形再设计的"测量-再设计-数字加工"一体化加工策略。

1.2.2 机器人运动动态特性非确定性轨迹规划研究现状

机器人从当前位姿到目的位姿的中间运动过程的轨迹规划涉及两方面重要因素：一方面是机器人关节运动、速度、加速度、急动度等动态特性；另一方面是机器人运动过程需要避开环境障碍。最理想的机器人运动轨迹是在避开环境障碍的同时，保证机器人动态特性平滑。

许多学者对机器人及其已知环境建立虚拟力场模型，借助力反馈设备，通过人机交互的半自主方式控制机器人在虚拟力场中沿着目标点的牵引和环境障碍的斥力作用，操作者随着由力反馈设备传递来的由虚拟力场引发的力感受控制机器人运动。

为了得到动态特性平稳、能耗受控的机器人运动轨迹，大连理工大学张连东、日本立命馆大学 Suguru Arimoto 将机器人动力学方程与黎曼几何联系起来，关节空间中机器人的动力学方程可以看作是在多维关节空间中的动力学曲面，机器人的运动过程是动力学曲面上连接起始点和目的点的曲线。根据微分几何的测地线原理，曲面上两点间的最短距离是连接两点的测地线。由此，为了得到机器人的最节能轨迹，需要根据动力学曲面求取测地线方程。这种方法将机械臂的运动抽象为纯数学理论，但是其计算过程比较复杂，尤其是在机器人自由度数量超过三个的时候，动力学方程测地线的求取将变得非常复杂。另外，这种算法只考虑动力学因素，在多目标轨迹规划的情况下，算法很难兼顾其他规划目标。

当机器人出现冗余自由度时，如冗余自由度机械臂，由于关节空间到末端笛卡儿空间是满射而不是双射关系，笛卡儿空间中机器人末端位姿可以对应一系列关节坐标，这些坐标的集合称为机器人的零空间，机器人在零空间中运动所构成的几何曲线称为自运动流形。自运动流形的存在增强了机器人运动过程的非确定性，在末端位姿一定的情况下，需要在相应的自运动流形中选择适合的关节位置矢量。南京航空航天大学葛新峰研究了基于自运动流形的冗余自由度机械臂逆解方法，并与数值解进行对比，验证了算法的正确性。东南大学续龙飞研究了基于自运动流形的冗余自由度机械臂避障方法；美国莱斯大学 Mark Moll 等在冗余自由度机器人的自运动流形空间内搜索使点到点运动能耗最低的曲线，从而得到能量最优运动轨迹；澳大利亚约翰尼斯-开普勒大学 Andreas Mueller 利用人工势场法，在冗余自由度机器人自运动流形空间内映射得到的切空间中进行机器人避障问题研究，并给出了 5R 机器人的自运动流形。

斯洛文尼亚约瑟夫斯坦芬研究所 Leon Zlajpah、浙江理工大学耿岳峰等将冗余自由度机械臂的逆解问题划分为多个子任务：末端到达目的位姿的任务和同时避开多个障碍的任务。每避开一个障碍就看成是一个子任务，各个避障任务共用冗余自由度机械臂的零空间。这种方法的优势是在进行机械臂逆解运算的同时，实现了实时的运动学避障，并拓展到动力学方法的避障，能够进行机械臂的实时控制；这种方法的局限性在于，和其他局部避障算法一样，机械臂实时避开障碍的同时不能保证完美的运动特性。

美国圣地亚哥州立大学 Mahmoud Tarokh 为了避免机器人运动过程中的奇异性问题，在实时位置、速度跟随控制中采用遗传算法进行逆解计算，并保证机器人运动对位置和速度轨迹的跟随性。这种算法开辟了一条机器人逆解的新途径，但是由于遗传算法是随机采样算法，效率较低，其在全局工作空间中的实时性仍然需要验证。谢碧云为了确定从起始点到目标点之间的避障轨迹，应用实时随机扩展树进行避障轨迹计算，实时扩展树在机器人避障轨迹规划中的确有着重要的应用价值，但是，随机扩展树得到的轨迹不能直接应用于机器人运动控制，需要进行二次规划。另外，在机器人环境障碍比较复杂和机器人自由度较多的情况下，机器人的避障能力与随机扩展的步长设置有很大关系。在某些极限条件下，如果步长较大，机器人将无法搜索到可行轨迹；但较小的步长设置又会降低轨迹搜索的计算效率。美国乔治亚理工学院 Tobias Kunz 采用空间地图模型建立机器人周围的空间地图网格，借助机器人上安装的视觉摄像机实时捕捉环境障碍的移动并建立立方体模型，实时搜索机器人避开障碍立方体的空间网格路径。美国加利福尼亚大学 Xiaowen Yu 将机器人系统工作空间的点用样条曲面进行拟合，在曲面上建立地图模型，进行轨迹规划。伊朗科技大学 Hamid Toshani 采用神经网络的方法计算机器人避障的关节位置，通过线性二次型方法修改神经网络算法的权重。西班牙瓦伦西亚理工大学 Francisco Rubio 对四种典型的机器人运动过程存在非确定性的机器人轨迹规划方法进行比较，从计算时间、运动距离和生成的轨迹参数几个方面，得出了综合几个方面因素的影响，A* 算法是最优的结论。

美国雷丁大学 Henry Eberle 直接应用关节动力学控制手段进行轨迹规划，得到机械臂末端平稳的运动特性，回避了轨迹离散点的运动学逆解计算。美国加州大学伯克利分校 Reynoso-Mora P 和上海交通大学王贺升也通过机械臂动力学方法使机械臂在不超过关节极限转矩的情况下，沿预定义轨迹运动的时间最短。西班牙亚伦西亚大学 Francisco Rubio 等将机械臂运动学与动力学结合，通过关节急动度积分优化来计算机械臂避开障碍的最节能运动轨迹，并给出了轨迹规划时间和机械臂沿预定义轨迹运动时间的估计值。

1.2.3 机器人运动与传感非确定性轨迹规划研究现状

机器人系统受控制模型偏差、外部扰动、闭环控制传感器误差等过程噪声和观测噪声的非确定性影响。美国北卡罗莱纳大学 Jurvan den Berg 和加州理工学院 Noel du Toit 在 2010 年提出：由于传感器观测误差和控制过程误差的影响，并不能保证机器人完全精确地跟踪预定义轨迹，而是在沿轨迹行走的每一时刻都存在偏离轨迹的概率。当假定系统观测误差和控制过程误差都服从高斯分布时，相对于预定轨迹的偏移量也服从高斯分布。这种误差服从高斯分布的机器人的非确定性运动称为高斯运动，由于观测误差和系统过程误差都限定在一个范围内，因此，机器人的运动偏差也处于一个可估计的区间内。从概率论的角度考虑，当机器人重复地走一条预定义轨迹时，由于噪声的随机性，机器人每次的实际轨迹并不相同，但所有轨迹都会近似地以预定义轨迹为期望，在一定方差范围的区间内服从高斯分布。因此，尽管机器人在轨迹预定义阶段进行了避障规划，但并不能保证其实际运动能够完全避开障碍，这种与障碍碰撞的概率需要进行量化计算，作为机器人高斯运动安全性分析的基础。该非确定性理论一经提出，便在机器人轨迹规划界产生了广泛影响，其文章引用率进入近年世界机器人学术论文引用次数排名的前50名。

在机器人非确定性研究方面，美国麻省理工学院 Adam Bry 和印第安纳大学 Kris Hauser 将系统非确定性加入随机扩展树的节点生成过程，每生成一个新的节点，就用蒙特卡洛法检验新生成节点的方差概率，进行轨迹规划。加州理工学院 Noel du Toit 在机器人控制系统中，将线性二次型调节器（Linear Quadratic Regulator，LQP）控制与卡尔曼滤波相结合，采用滚动时域的方法来减小机器人系统运动偏差。美国卡耐基梅隆大学 Sun Wen 应用多核、多线程编程技术，将 Noel du Toit 的线性二次高斯控制（LQG）非确定性采样优化方法应用于实时计算，并对医疗探针、移动机器人的实时轨迹规划进行了仿真。

目前，运动与传感非确定性理论仅局限于平面移动机器人的运动与碰撞概率计算，还没有拓展到串联机械臂系统的轨迹规划，尚缺少串联机械臂关节及末端运动误差分布、关节空间机械臂运动非确定性和笛卡儿空间机器人传感非确定性的映射理论。

1.2.4　机器人开放式运动控制与规划平台研究

1. 国外机器人开放式仿真与控制系统现状

国外机器人开放式仿真与控制系统的发展总体上分为三个阶段，发展概况见表1-1。第一个阶段是概念化阶段。1981年，美国开放式科学中心率先提出需要建立开放式系统的体系规范，其目的是在国际化制造业竞争中节约成本，提高生产率。"下一代控制器（Next Generation Controller，NGC）"研发计划便应运而生，该计划由于种种原因在1991年被终止。因此，NGC 只停留在概念阶段，但其开放式系统的理念却对后续研究产生了深远影响。

表1-1　国外机器人开放式仿真与控制系统发展概况

序号		体系名称	特　点	应用	备　注
1		NGC（美国）	插件形式模块化，软硬件平台标准化，采用面向对象的方法	无	抽象化定义
2	2.1	OMAC（美国）	采用预定义模块，即插即用；系统可裁剪	机床、机器人	预定义结构扩展性差
	2.2	OSACA（欧洲）	纵向分层、横向模块化，系统上电初始化过程中确立系统构架	机床、机器人	西门子、库卡的构架基础
	2.3	OSEC（日本）	系统分七层；采用 PC + 控制卡方案，其中 PC 为基础	数控机床	适应性差，只针对数控

（续）

序号		体系名称	特　点	应用	备　注
3	3.1	NASREM（美国）	分任务处理、任务建模、传感处理三层结构，是最早的智能系统模型	机器人	概念模型
	3.2	GISC（美国）	智能系统，半自治功能互补的分布式模块，由监控模块协调子模块工作	机器人	实现机构三维仿真
	3.3	ROBLINE	构造软件库，控制标准硬件平台，Client/Server 结构隔离被控/主控	机器人	提升标准硬件的通用性
	3.4	NEXUS	开放式机器人软件，分为管理子系统和任务子系统	机器人	用于 RAM-2 型机器人实际控制
	3.5	OROCOS	开源开放式机器人控制系统（Linux ROS）	机器人	模块被丰富，构架自搭建

　　开放式仿真与控制系统的第二个发展阶段是模块化阶段，典型代表有美国的 OMAC、欧洲的 OSACA、日本的 OSEC。尽管 NGC 计划已经终止，但机器人、自动化领域通过可扩展、可重用方法追求降低生产设备成本和改造难度的脚步并没有暂停。当时的美国三大汽车制造商于 1994 年联合开展了 OMAC 系统体系构架的研究。该构架预定义了系统模块类别，模块与模块之间采用即插即用的连接方式，系统可以根据需要进行裁剪。这种体系构架可以应用于机床和机器人系统，缺点是由于系统结构是预定义的，因此可扩展性较差。欧盟于 1992 年正式在欧洲信息技术研究发展战略计划 ESPRIT-III 中确定了控制系统参考结构规范 OSACA，该规范的特点是系统纵向自上而下分层，在每个层面内进行模块化划分。不预先定义系统结构，而是在系统进行初始化上电时确立系统构架和结构组成。很多欧洲设计生产的机器人和数控系统都借鉴了这种控制系统结构，如德国的库卡和西门子系统。1994 年，日本开始了针对机床 CNC 和分布式控制器的 OSEC 计划，该计划将控制器详细划分为机械部分、电气部分、设备控制部分、操作控制部分、通信部分、几何控制部分、CAD/CAM 部分共七个层次。OSEC 倾向于采用在 PC 上增加控制卡的方案，从而将 CAD/CAM 等非实时任务和运动控制等实时任务统一在一个平台上。OSEC 的缺点是只针对数控系统，而且适应性较差。

　　开放式仿真与控制系统的第三个发展阶段是智能化阶段。国际空间站建设期间，出于对空间站机械臂系统的遥操作需求，美国 NASA 提出了遥操作控制系统标准参考模型 NASREM，该模型分为任务处理、任务建模和传感处理三层结构，是最早、最完整的智能系统模型。美国能源部和 CIMETRIX 公司分别定义了 GISC 分布式智能系统模型和 ROBLINE 的 Client/Server 结构。GISC 模型定义了功能互补的半自治子模块，模块与模块之间通过分布式网络连接，以监控模块协调子模块间的工作。ROBLINE 是通过网络化的终端-服务器结构隔离被控和主控对象，实现分布式控制。NEXUS 是首个关于开放式机器人软件的系统构架，分为管理子系统和任务子系统两部分，以标准的 C++语言编写，具有良好的可移植性、可扩展性，已应用于 RAM-2 型机器人的实际控制中。OROCOS 也是一项对机器人控制软件系统结构的研究，OROCOS 的特点是开源与共享，开发了机器人的通用软件包，包括多种传感器、人机交互、图形显示、运动控制建模方法等。Linux 系统中的 ROS 机器人操作系统是其典型代表。

2. 国内机器人仿真与控制系统现状

在机器人控制系统的研究方面，很多国内高校都根据研究对象、基于不同的硬件平台，开展了不同层次的相关研究工作。

南开大学张建勋教授团队以腹腔镜微创手术机器人系统为研究对象，研究了机器人控制系统软件结构。在分析机器人自身主从操作手异构的结构特点和手工工作流程的基础上，在 DSP+FPGA（field programmable gate array）嵌入式系统平台上开发了周期为 1ms 的实时主从映射控制模式。

哈尔滨工业大学刘宏教授课题组研制的机器人宇航员双冗余自由度机械臂控制器还处于研制初期，它以 PC104 板卡式工控机 Matlab 软件为研发平台，建立了基于 Simulink 和 SimMechanics 机器人工具包的机器人控制系统构架和算法。这种基于商用 Matlab 软件的系统不能进行实际机械臂控制，实时性、移植性等都得不到保证。

华中科技大学黄心汉教授为了获得开放式机器人控制器的实验平台，对 Movemaster-EX RMV1 型机器人原有控制器及其运动学特性进行了详细分析，提出了基于 PC+DSP 运动控制器的硬件改造方案；讨论了基于 DSP 的多轴运动控制器在开放式机器人控制器中的作用，并提出了具有开放特性的多轴运动控制器设计方案，同时提出了适于数字化实现的在线关节重力补偿算法来提高关节控制性能。在机器人的开放式平台上，建立了一个离线编程系统的基本雏形，并讨论了三维造型和碰撞检测问题。应用面向对象的方法对机器人结构进行分解，通过交互式的输入和选择，可以快速建立起机器人及其环境的三维模型。另外，还对传感器的仿真和机器人的编程问题进行了研究，给出了视觉仿真的初步实现方法。

浙江大学褚健教授开发了上位机 PC+PMAC（programmable multi-Axis controller）运动控制器+视觉处理器集成型机器人控制系统，用以实现机器人打乒乓球的高灵敏度任务测试。由视觉处理器处理视觉信息，在得到视觉信息反馈的基础上，由 PC 进行运动规划，传送给 PMAC 运动控制卡进行机器人多轴闭环运动控制。在这个机器人控制系统中，PC 只给出运动规划的目标点位姿数据，实际的数据插补等工作由 PMAC 运动控制卡完成。其难点在于数据通信的实时性。应用商业化的 PMAC 运动控制卡可以直接使用运动控制器内部的控制系统结构和算法，避开了对底层平台的研究，将机器人控制系统研究简化为系统集成，降低了开放式机器人控制器的研发难度。

清华大学赵国明教授在其自主研发的以 ARM9 处理器为内核的控制板上安装了 Linux 系统，建立了基于 Linux 系统的机器人运动控制器，实现了人形机器人的静步行走功能。在机器人的头部安装一个小型 USB 摄像头，进行图像识别应用程序的编写和调试。该系统能够支持机器人在直线运动过程中识别障碍，并通过内部算法进行机器人步行规划，使其绕开障碍。

天津大学王刚教授针对多机器人开放式控制系统的功能要求，提出了一种多层等级式控制体系结构方案。以工业控制计算机为主控单元，以 DMC 运动控制卡+图像处理卡+PLC 为从控单元，实现系统硬件平台的搭建。根据从控单元硬件的不同功能，设计了相应的通信方式来实现信息交互。提出了基于系统任务实时性能分配和管理的多媒体定时器的软中断实时数据更新技术，采用双缓存顺序指令运行控制方案来实现运动控制指令的安全高效处理。这种控制系统的优点是根据各子系统功能，通过建立协调、稳定的通信方式，最大程度地提高了系统整体能力。但很多功能的实现都依赖于商用子系统模块，不能成为独立机器人的核心构架运动控制系统。华南理工大学也采用了相同的解决方案。

上海大学方明伦教授和中国科学院沈阳自动化研究所祁若龙博士都在 Windows 系统平台上建立了开放式机器人运动控制系统。上海大学方明伦教授的研究目标是建立与工业机器人运动控制器相似的标准机器人运动控制器，通过增加神经网络智能控制算法对参数进行在线整定。而中国科学院沈阳自动化研究所祁若龙博士则通过开放式的系统构架、模块化的编程方法，集成了丰富的系统功能，如图形化仿真系统、遥操作模块、视觉伺服模块等。这两种基于 Windows 系统平台的机器人运动控制系统是用 C 语言开发的，可移植性强；其缺点是 Windows 系统的实时性不强，在速度控制模式下对系统精度有一定影响。

国内机器人运动控制器研究现状见表 1-2。

表 1-2　国内机器人运动控制器研究现状

研发单位	控制系统特点	功能应用
南开大学	DSP 数学计算+FPGA 逻辑计算的主从控制器结构；编程实现主从机械手的正/逆运动学方法；在 PC 上进行基于计算数据的虚拟仿真	腹腔镜微创手术
哈尔滨工业大学	基于 PC104 工业主板；MMSC 多通道点对点串行通信总线；基于 Matlab-SimMechanics 编程，研究了七自由度机械臂的阻抗控制方法	机器人宇航员双臂冗余自由度机械臂控制
华中科技大学	PC+DSP 的系统结构，由 PC 实时扩展模块进行运动学计算，DSP（PMAC）进行关节插补和闭环控制；建立 PC 离线仿真系统	电动机驱动实验
浙江大学	上位机 PC+PMAC 运动控制器+视觉处理器；由视觉处理器处理视觉信息，由 PC 进行运动规划，由 PMAC 卡进行多轴闭环运动控制	人形机器人打乒乓球
清华大学	ARM9＋Linux 操作系统；实现视频、音频输入，运动学计算	人形机器人静步行走
天津大学	PC＋DMC 运动控制器，由 PC 进行智能规划，由 DMC 运动控制器进行关节闭环插补控制	机器人智能避障算法研究
上海大学	基于 Windows NT 平台的全软件控制系统设计	神经网络智能控制
华南理工大学	PC+运动控制卡，由 PC 进行人机交互、参数辨识、文件盒数据管理等，由运动控制卡进行基于运动学的闭环控制	工业机器人高速运动控制与参数辨识
中国科学院沈阳自动化研究所	基于 Windows7 平台的全软件机器人运动控制与仿真系统设计	空间机器人运动控制、遥操作、视觉伺服

在商业型机器人控制系统方面，国内多家公司开展了相关技术的研发。其中，主要代表性研发单位包括华中数控股份有限公司（以下简称"华中数控"）、新松机器人自动化股份有限公司（以下简称"新松机器人"）和成都广泰威达数控技术股份有限公司（以下简称"广泰数控"）。2013 年华中数控在继承其 1999 年研发的华中Ⅰ型教育机器人的基础上，开发了华中Ⅱ型控制器，兼容国际标准 EtherCAT 总线和 Modbus、TCP 通信协议。但是，这种机器人运动控制器的操作方式依然是基于示教在线的轨迹预定义方式，不具备开放性和可扩展性。

新松机器人研发的具有自主知识产权的 SIASUN-GRC 机器人控制器是 32 位数字化控制器，采用开放式软件构架和模块化功能划分。在硬件上实现了以功能键驱动的全菜单操作的汉字机器人操作系统,主计算机采用工业级微型单板计算机,内嵌 PLC 功能。可以根据需要调整关节轴配置,实现机器人和多个变位机的协调运动。

广泰数控研发的 CCR 工业机器人控制系统采用工业控制 PC WindowsXPE 作为控制器主体平台,实现了运动学计算、轨迹规划、上下位机通信等功能。

国内商业化机器人控制系统概况见表 1-3。

表 1-3 国内商业化机器人控制系统概况

研发单位	控制器特点	应用领域
华中数控	典型的工业机器人控制系统,采用示教在线的控制方法,能够兼容 EtherCAT、Modbus 和 TCP 等多种通信协议	工业机器人
新松机器人	以工业单板机为处理器;开放式、模块化结构;通过控制器内的运动轴设定应用于多种机器人结构	弧焊机器人、变位机器人
广泰数控	基于 PC WindowsXPE 控制,实现运动学计算、加工规划等功能;通过 FPGA 实现控制器-驱动器之间的位置、速度信息传递功能	六自由度工业机器人
新时达	基于以太网通信协议的嵌入式机器人运动控制器	六自由度工业机器人
南京埃斯顿	基于国内外机器人控制系统的集成性应用	六自由度工业机器人、四轴码垛机器人、六轴并联机器人
汇川技术	正处于研发阶段	
广州数控	基于国内外机器人控制系统的集成性应用	搬运、机床上下料机器人
深圳华盛	基于运动控制卡和机器人视觉集成的机器人控制系统	六自由度工业机器人、六轴并联机器人
固高科技	基于 PC 的四自由度开放式运动控制器	四自由度机器人
卡诺普	基于运动控制卡的机器人二次开发	喷涂、码垛、打磨抛光机器人

在商业化机器人控制系统的研发中可以看出,虽然国内相关企业具有一定的研发实力,能够研发出一些具有自主知识产权的机器人运动控制系统,但这些系统的应用领域大多是喷涂、弧焊等,对系统精度、运动速度要求不高。

1.3 本章小结

本章针对机器人运动规划的现状,分析了运动规划在机器人应用中的技术背景和现实意义；根据机器人运动规划对象的不同，提出了机器人加工对象几何非确定性、机器人运动特性非确定性和机器人运动与传感非确定性的类别划分。并分别针对每类非确定性，介绍了相应的机器人运动规划方法的研究现状。不同的运动规划方法离不开稳定可靠的开发平台，本章也对当前世界上主流开发平台的发展现状进行了综述。

第 2 章

机器人高精度加工几何非确定性规划

2.1 加工几何非确定性测量方法

机床加工是由不超过五轴联动的直角坐标机构在固定位置进行的指令加工。机器人加工则是由具有较强适应性、通用性的多轴联动机构在固定或非固定位置进行的自主或指令加工。机器人从概念上更强调灵活性和适应性,但从广义上讲,机床也是一种特殊构型的机器人。机器人由于运动灵活、工作空间较大,被越来越多地应用在焊接等机械加工领域。机器人加工的轨迹规划分为两种情况:一种情况是末端运动轨迹是确定的,对于这种情况,轨迹规划方法大多是基于几何模型的离线轨迹规划方法,其典型代表是数控机床的减材制造,其规划的轨迹路径都是以起始加工位置为参考的一系列刀位点。只要毛坯足够大,即使对刀点位置存在较大误差,也可以加工出完全相同的零件。另一种情况是末端运动轨迹是不确定的,一方面,工件自身存在几何误差、装夹变形和重复装夹误差等;另一方面,机器人与工件之间的坐标关系不明确,这些影响因素会使基于模型的轨迹规划方法近乎失效。此时,机器人轨迹规划的难度在于,机器人与其加工对象之间存在很强的几何关系非确定性。为了解决这一问题,可以进行在线轨迹修正,也可以采用本章主要研究内容所阐述的方法:机器人测量加工一体化的离线高精度轨迹规划与估计。

本章以大型薄壁零件的机器人搅拌摩擦焊接加工为例,讨论在轨迹规划过程中,当机器人与其加工对象之间和加工对象本身存在几何非确定性误差时,如何进行轨迹规划来实现高精度机器人加工。大型薄壁曲面工件在冲压制造、存放运输、安装固定过程中均会产生未知误差。国外采用成本高昂的高精度矫形工装,通过工装夹持力约束工件,使其与数字化模型高度一致,采用基于数学模型的方法进行轨迹规划。矫形工装的成本接近搅拌摩擦焊接设备本身,例如，美国 NASA 的火箭燃料储箱矫形工装耗资折合近 1 亿元人民币。为了节约成本，本章采用普通工装，通过在机器人上安装测量设备，对未知工件变形和工件与机器人的实际坐标关系进行测量。

大型复杂曲面金属薄壁零件搅拌摩擦焊接的难点在于：①搅拌摩擦焊接对轨迹刀位点和焊头方向矢量的精度要求较高；②大型薄壁零件容易变形，装夹之后与原有设计曲面误差过大，这些误差足以使基于模型的轨迹规划方法失效；③金属零件表面容易形成镜面反射，视觉焊缝测量和激光焊缝测量虽然效率较高，但容易受到环境光线影响而使测量精度下降，在形成镜面反射的区域测量甚至会失败，而且当两个等高的被焊接工件因受到装夹力而紧密贴合时，视觉等光学方法很难辨识焊缝位置；④空间曲线搅拌摩擦焊接加工的轨迹规划需要精确的空间刀位点位置和刀具姿态，但一般不进行曲面测量很难得到焊缝附近的曲面信息以确定焊头姿态，如果为了得到刀位矢量而测量焊缝周围曲面，则会极大地增加焊接准备时间并提高设备研发难度。

2.2　机器人接触式测量

2.2.1　测量加工一体化机器人

加工对象的几何非确定性是机器人高精度加工的难点。通常的方法是由操作者标定机器人与其加工对象之间的几何关系，精确地测量加工对象，再进行空间坐标变换，将测量坐标系下的坐标变换为机器人坐标系下的坐标。这种传统方法效率较低、过程复杂，为了简化工作流程、提高工作效率，采用测量加工一体化方法，在机器人末端执行器上安装测量装备，在机器人坐标空间内直接测量其加工对象的几何形状和机器人与其加工对象的空间几何关系，从而使机器人在对非确定性因素进行认知的基础上进行智能轨迹规划。

搅拌摩擦焊接机器人与大型复杂曲面薄壁零件如图 2-1 所示。机器人装配体与关节坐标示意图如图 2-2 所示。机器人本体具有三个平动自由度和两个转动自由度，共五个自由度。放置工件的工作台具有一个旋转自由度，加工回转零件时，转台能够辅助机器人进行焊接工位转换。

搅拌摩擦焊接机器人测量系统只包括 X、Y、Z、A、B、W 六个主体部分的运动轴，不包含转台部分，其运动学 DH 参数见下页表，其中 a_{i-1} 是从 z_{i-1} 到 z_i 沿 x_{i-1} 测量的距离；α_{i-1} 是从 z_{i-1} 到 z_i 绕 x_{i-1} 旋转的角度；d_i 是从 x_{i-1} 到 x_i 沿 z_i 测量的距离；θ_i 是从 x_{i-1} 到 x_i 绕 z_i 旋转的角度。DH 基准坐标系如图 2-3 所示。

图 2-1　搅拌摩擦焊接机器人与大型复杂曲面薄壁零件

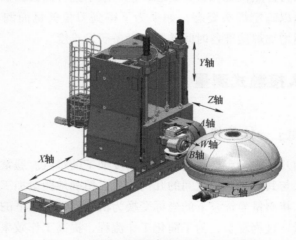

图 2-2　机器人装配体与关节坐标示意图

搅拌摩擦焊接机器人 DH 参数表

	a_{i-1}/mm	$\alpha_{i-1}/(°)$	d_i/mm	$\theta_i/(°)$
X	0	90	$-d_1$	0
Y	0	0	d_2	0
Z	d_3	-90	0	0
A	0	0	$-d_4$	q_i^a
B	0	90	0	q_i^b
W	d_5+l	90	0	0

　　整个工件是一个放置在转台上的大型回转体，工件与工装示意图如图 2-4 所示。理想焊缝应该与工件旋转轴轴心处于同一个平面内。但是，由于单个薄壁工件是冲压成形的，其本身加工精度不高，装夹时也存在变形和误差。因此，很难通过理想模型确定加工轨迹，需要在规划焊接加工轨迹前进行焊缝测量。

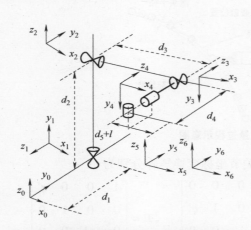

图 2-3　搅拌摩擦焊接机器人 DH 基准坐标系

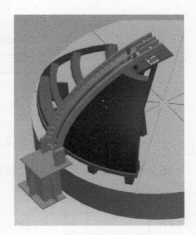

图 2-4　工件与工装示意图

2.2.2　接触式测量原理

　　接触式测头采用海德汉高精度触发式 TP230 测头，测量原理如图 2-5 所示，测头碰触工件表面时后会立即输出高电平 TTL 信号。机器人控制器在收到触发信号上升沿后实时读取各关节坐标位置，保存在寄存器中。对于第 i 个测量点 M_i，可以表示为

$$M_i = [\, q_i^x,\ q_i^y,\ q_i^z,\ q_i^a,\ q_i^b,\ q_i^w \,]$$

式中，q_i^x、q_i^y、q_i^z、q_i^a、q_i^b、q_i^w 分别为 X 轴、Y 轴、Z 轴、A 轴、B 轴、W 轴在

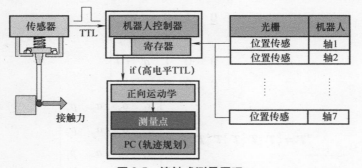

图 2-5　接触式测量原理

测头上升沿触发时的位置。将PC作为上位机，在VC平台上建立机器人轨迹规划与仿真系统，通过以太网和机器人控制器协议读取机器人控制器寄存器中的各轴位置。在上位机轨迹规划系统中利用机器人运动学方法由各轴位置计算出测头末端球心空间坐标，测量过程示意图如图2-6所示。

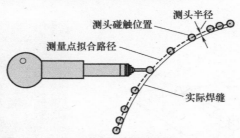

图 2-6　测量过程示意图

根据机器人运动学，可以得到各关节坐标变换矩阵分别为

$$
{}_1^0\boldsymbol{T} = \begin{bmatrix} 1 & 0 & 0 & 0 \\ 0 & 0 & -1 & q_i^x \\ 0 & 1 & 0 & 0 \\ 0 & 0 & 0 & 1 \end{bmatrix} \quad
{}_2^1\boldsymbol{T} = \begin{bmatrix} 1 & 0 & 0 & 0 \\ 0 & 0 & 1 & q_i^y \\ 0 & -1 & 0 & 0 \\ 0 & 0 & 0 & 1 \end{bmatrix} \quad
{}_3^2\boldsymbol{T} = \begin{bmatrix} 1 & 0 & 0 & q_i^z \\ 0 & 0 & 1 & 0 \\ 0 & -1 & 0 & 0 \\ 0 & 0 & 0 & 1 \end{bmatrix}
$$

$$
{}_4^3\boldsymbol{T} = \begin{bmatrix} \cos(q_i^a) & -\sin(q_i^a) & 0 & 0 \\ \sin(q_i^a) & \cos(q_i^a) & 0 & 0 \\ 0 & 0 & 1 & -d_4 \\ 0 & 0 & 0 & 1 \end{bmatrix}
$$

$$
{}_5^4\boldsymbol{T} = \begin{bmatrix} \cos(q_i^b) & -\sin(q_i^b) & 0 & 0 \\ 0 & 0 & -1 & 0 \\ \sin(q_i^b) & \cos(q_i^b) & 0 & 0 \\ 0 & 0 & 0 & 1 \end{bmatrix}
$$

$$
{}_6^5\boldsymbol{T} = \begin{bmatrix} 0 & 1 & 0 & 0 \\ -1 & 0 & 0 & 0 \\ 0 & 0 & 1 & q_i^w + l \\ 0 & 0 & 0 & 1 \end{bmatrix}
$$

$$
{}_6^0\boldsymbol{T} = {}_1^0\boldsymbol{T}\,{}_2^1\boldsymbol{T}\,{}_3^2\boldsymbol{T}\,{}_4^3\boldsymbol{T}\,{}_5^4\boldsymbol{T}\,{}_6^5\boldsymbol{T} = \begin{bmatrix} n_x & o_x & a_x & p_x \\ n_y & o_y & a_y & p_y \\ n_z & o_z & a_z & p_z \\ 0 & 0 & 0 & 1 \end{bmatrix}
$$

$$
= \begin{bmatrix}
\cos(q_i^a)\sin(q_i^b) & \sin(q_i^a) & \cos(q_i^a)\sin(q_i^b) & q_i^z + (q_i^w + l)\cos(q_i^a)\sin(q_i^b) \\
\sin(q_i^b) & 0 & -\cos(q_i^b) & q_i^x - d_4 \\
-\sin(q_i^a)\cos(q_i^b) & -\cos(q_i^a) & -\sin(q_i^a)\cos(q_i^b) & q_i^y + (q_i^w + l)\sin(q_i^a)\cos(q_i^b) \\
0 & 0 & 0 & 1
\end{bmatrix}
$$

$$(2\text{-}1)$$

由式 (2-1) 可知，被测点在机器人全局坐标系中的空间坐标 $[p_x；p_y；p_z]$ 与关节空间的映射关系为

$$
\begin{cases}
p_x = q_i^z + (q_i^w + l)\cos(q_i^a)\sin(q_i^b) \\
p_y = q_i^x - d_4 \\
p_z = q_i^y + (q_i^w + l)\sin(q_i^a)\cos(q_i^b)
\end{cases}
$$

$$(2\text{-}2)$$

由于机器人各轴位置与末端坐标位置存在多对一的映射关系，而且该测量方法只是对空间位置进行测量，然后再进行刀具姿态的估计，因此，测量过程中 FSW 机器人可以以任意姿态碰触焊缝。

根据如上过程计算得到的焊缝位置是测头球心的位置。这些测量点与实际焊缝之间存在一个测头半径的偏置距离。偏置方向是被测工件在焊缝测量接触点处的曲面法向矢量方向。为了得到实际焊缝位置，需要对测量点位置进行反向偏置。

2.2.3　测量适应性分析

利用接触式测头对焊缝进行离散点随机测量的实际过程如图 2-7 所示。理想状态下，测头应该精确地碰触焊缝位置，如图 2-8 中情况一所示。但在实际测量过程中，测头不可能恰好碰触焊缝位置。这是因为一方面，测头是一个球体，焊缝是非理想加工状态下的装夹缝隙，操作者的视觉误差致使测头与焊缝

图 2-7　实际焊缝测量

实际位置之间存在微小偏移，如图 2-8 中情况二所示；另一方面，由于工件变形和装夹误差致使装夹后的焊缝存在高度差，这种情况下应选择高度较低的工件一侧进行测量，如图 2-8 中情况三所示。

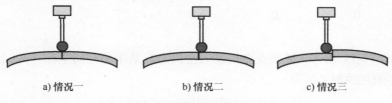

a) 情况一   b) 情况二   c) 情况三

图 2-8 焊缝测量情况

尽管测量过程中在工件表面垂直于焊缝的方向上不可避免地存在测量误差，但只要能够保证垂直于工件表面方向的测量精度，则该测量误差对搅拌摩擦焊接质量的影响较小。这是因为搅拌摩擦焊接工艺为了保证焊接质量，避免出现焊缝压深过大或轴肩离开焊缝表面的情况，在垂直于工件表面方向对精要要求较高。如图 2-9 所示，在工件表面垂直于焊缝的方向上，搅拌头的高速旋转产生的热量会形成一个较宽的塑性区，只要测量误差小于塑性区宽度，焊接质量就能够得到保证。

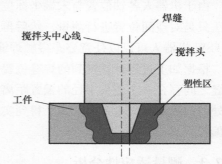

图 2-9 测量偏移焊缝的焊接过程示意图

2.3 五次分段样条拟合

2.3.1 三次样条边界估计

从原理上，测量点越多，样条拟合精度就越高。但在实际工作条件下，测量点过密不但需要花费大量的测量时间，而且密集测量点处的误差会使样条在局部产生剧烈扭曲。为了使机器人能够在尽可能短的时间内对大型工件进行测量，最好的方法是测量一系列稀疏离散点，采用高精度数据拟合方法拟合焊缝位置。

现有的数据拟合方法有二次、三次、四次和五次样条。二次和四次样条属于偶数次样条，偶数次样条具有双曲线类似的几何对称性，一般很少应用在工程项目中。三次和五次样条拟合方法分为整体拟合方法和分段拟合方法。相对于分段拟合方法，整体拟合方法的计算过程复杂，需要求解高维线性方程组，而且易出现龙格（Runge）现象，样条在两端处波动极大，甚至会产生剧烈抖动。分段拟合方法计算简单，但是分段样条在样条段的连接处很难达到高阶连续可导。因此，本章提出了以三次样条进行导数估计的五次分段样条边界条件的拟合方法，该方法计算简单但能够保证样条曲线在样条段连接处具有良好的数学性质。

假设依据 2.2.2 节中的方法，得到的测量点坐标为 $[P_1, P_2, \cdots, P_n]$。连接测量点 $P_{i-1}(x_{i-1}, y_{i-1}, z_{i-1})$ 和测量点 $P_i(x_i, y_i, z_i)$ 的样条曲线可以通过四个测量点 P_{i-1}、P_i、P_{i+1} 和 P_{i+2} 由式（2-3）求得

$$P_i(u) = a_i u^3 + b_i u^2 + c_i u + d_i \tag{2-3}$$

式中，u 是弦长参数，$u \in (0, l_{i-1})$；其中 l_{i-1} 是从测量点 P_{i-1} 到测量点 P_i 的距离，也是空间曲线在 P_{i-1} 点和 P_i 点之间的弦长距离。

定义符号 $l_{i-1, i} \stackrel{\Delta}{=}$ 和 $l_{i-1, i+1} \stackrel{\Delta}{=}$，用来表示多个弦高差的累加和

$$l_{i-1, i} \stackrel{\Delta}{=} l_{i-1} + l_i \tag{2-4}$$

$$l_{i-1, i+1} \stackrel{\Delta}{=} l_{i-1} + l_i + l_{i+1} \tag{2-5}$$

$$l_{i-1} = \sqrt{(x_i - x_{i-1})^2 + (y_i - y_{i-1})^2 + (z_i - z_{i-1})^2}$$

式（2-3）中的参数 a_i、b_i、c_i、d_i 可计算为

$$a_i = \frac{1}{\Delta}\begin{bmatrix} \Delta_{ax} \\ \Delta_{ay} \\ \Delta_{az} \end{bmatrix}, \quad b_i = \frac{1}{\Delta}\begin{bmatrix} \Delta_{bx} \\ \Delta_{by} \\ \Delta_{bz} \end{bmatrix}, \quad c_i = \frac{1}{\Delta}\begin{bmatrix} \Delta_{cx} \\ \Delta_{cy} \\ \Delta_{cz} \end{bmatrix}, \quad d_i = \begin{bmatrix} x_{i-1} \\ y_{i-1} \\ z_{i-1} \end{bmatrix} \tag{2-6}$$

$$\Delta = \begin{vmatrix} l_{i-1}^3 & l_{i-1}^2 & l_{i-1} \\ l_{i-1,i}^3 & l_{i-1,i}^2 & l_{i-1,i} \\ l_{i-1,i+1}^3 & l_{i-1,i+1}^2 & l_{i-1,i+1} \end{vmatrix}$$

$$\Delta_{ax} = \begin{vmatrix} x_i - x_{i-1} & l_{i-1}^2 & l_{i-1} \\ x_{i+1} - x_{i-1} & l_{i-1,i}^2 & l_{i-1,i} \\ x_{i+2} - x_{i-1} & l_{i-1,i+1}^2 & l_{i-1,i+1} \end{vmatrix}$$

$$\Delta_{bx} = \begin{vmatrix} l_{i-1}^3 & x_i - x_{i-1} & l_{i-1} \\ l_{i-1,i}^3 & x_{i+1} - x_{i-1} & l_{i-1,i} \\ l_{i-1,i+1}^3 & x_{i+2} - x_{i-1} & l_{i-1,i+1} \end{vmatrix}$$

$$\Delta_{cx} = \begin{vmatrix} l_{i-1}^3 & l_{i-1}^2 & x_i - x_{i-1} \\ l_{i-1,i}^3 & l_{i-1,i}^2 & x_{i+1} - x_{i-1} \\ l_{i-1,i+1}^3 & l_{i-1,i+1}^2 & x_{i+2} - x_{i-1} \end{vmatrix} \tag{2-7}$$

$$\Delta_{ay} = \begin{vmatrix} y_i - y_{i-1} & l_{i-1}^2 & l_{i-1} \\ y_{i+1} - y_{i-1} & l_{i-1,i}^2 & l_{i-1,i} \\ y_{i+2} - y_{i-1} & l_{i-1,i+1}^2 & l_{i-1,i+1} \end{vmatrix}$$

$$\Delta_{by} = \begin{vmatrix} l_{i-1}^3 & y_i - y_{i-1} & l_{i-1} \\ l_{i-1,i}^3 & y_{i+1} - y_{i-1} & l_{i-1,i} \\ l_{i-1,i+1}^3 & y_{i+2} - y_{i-1} & l_{i-1,i+1} \end{vmatrix}$$

$$\Delta_{cy} = \begin{vmatrix} l_{i-1}^3 & l_{i-1}^2 & y_i - y_{i-1} \\ l_{i-1,i}^3 & l_{i-1,i}^2 & y_{i+1} - y_{i-1} \\ l_{i-1,i+1}^3 & l_{i-1,i+1}^2 & y_{i+2} - y_{i-1} \end{vmatrix} \tag{2-8}$$

$$\Delta_{az} = \begin{vmatrix} z_i - z_{i-1} & l_{i-1}^2 & l_{i-1} \\ z_{i+1} - z_{i-1} & l_{i-1,i}^2 & l_{i-1,i} \\ z_{i+2} - z_{i-1} & l_{i-1,i+1}^2 & l_{i-1,i+1} \end{vmatrix}$$

$$\Delta_{bz} = \begin{vmatrix} l_{i-1}^3 & z_i - z_{i-1} & l_{i-1} \\ l_{i-1,i}^3 & z_{i+1} - z_{i-1} & l_{i-1,i} \\ l_{i-1,i+1}^3 & z_{i+2} - z_{i-1} & l_{i-1,i+1} \end{vmatrix}$$

$$\Delta_{cz} = \begin{vmatrix} l_{i-1}^3 & l_{i-1}^2 & z_i - z_{i-1} \\ l_{i-1,i}^3 & l_{i-1,i}^2 & z_{i+1} - z_{i-1} \\ l_{i-1,i+1}^3 & l_{i-1,i+1}^2 & z_{i+2} - z_{i-1} \end{vmatrix} \tag{2-9}$$

为了通过三次样条对五次分段样条函数的边界条件进行估计，测量点 P_i 处的一阶和二阶导数可以通过对式（2-3）求导得到。P_i 的一阶和二阶导数可以计算为

$$\left. \begin{aligned} \boldsymbol{t}_{i=}^{\Delta} &= \begin{bmatrix} t_{xi} \\ t_{yi} \\ t_{zi} \end{bmatrix} = \frac{\mathrm{d}\boldsymbol{P}_i}{\mathrm{d}u} \bigg|_{u=l_{i-1}} = \left(3\boldsymbol{a}_i u^2 + 2\boldsymbol{b}_i u + \boldsymbol{c} \right) \big|_{u=l_{i-1}} \\[2mm] \boldsymbol{n}_{i=}^{\Delta} &= \begin{bmatrix} n_{xi} \\ n_{yi} \\ n_{zi} \end{bmatrix} = \frac{\mathrm{d}^2\boldsymbol{P}_i}{\mathrm{d}u^2} \bigg|_{u=l_{i-1}} = \left(6\boldsymbol{a}_i u + 2\boldsymbol{b}_i \right) \big|_{u=l_{i-1}} \end{aligned} \right\} \tag{2-10}$$

由于缺少临近点，首个测量点 P_1 和末端两个测量点 P_{n-1} 和 P_n 的导数无法用上述方法进行估计，因此用其所在临近样条段的扩展弧长参数对其导数进行估计，即

$$\begin{cases} t_1 = 3a_2u^2 + 2b_2u + c_2 \\ n_1 = 6a_2u + 2b_2 \end{cases} \qquad u = 0 \qquad\qquad (2\text{-}11)$$

$$\begin{cases} t_{N-1} = 3a_{N-2}u^2 + 2b_{N-2}u + c_{N-2} \\ n_{N-1} = 6a_{N-2}u + 2b_{N-2} \end{cases} \qquad u = l_{N-3} + l_{N-2} \qquad (2\text{-}12)$$

$$\begin{cases} t_N = 3a_{N-2}u^2 + 2b_{N-2}u + c_{N-2} \\ n_N = 6a_{N-2}u + 2b_{N-2} \end{cases} \qquad u = l_{N-3} + l_{N-2} + l_{N-1} \qquad (2\text{-}13)$$

2.3.2　五次样条拟合

在三维笛卡儿空间中，以测量点处的一阶和二阶导数为边界条件进行五次样条拟合。为求得五次样条参数，需要借助式（2-14）~式（2-16）得到的样条段的边界条件

$$S_i(u)\mid_{u=0} = P_i = \begin{bmatrix} x_i \\ y_i \\ z_i \end{bmatrix}, \ S_i(u)\mid_{u=l_i} = P_{i+1} = \begin{bmatrix} x_{i+1} \\ y_{i+1} \\ z_{i+1} \end{bmatrix} \qquad (2\text{-}14)$$

$$\frac{\mathrm{d}S_i(u)}{\mathrm{d}u}\mid_{u=0} = t_i = \begin{bmatrix} t_{xi} \\ t_{yi} \\ t_{zi} \end{bmatrix}, \ \frac{\mathrm{d}S_i(u)}{\mathrm{d}u}\mid_{u=l_i} = t_{i+1} = \begin{bmatrix} t_{x,\,i+1} \\ t_{y,\,i+1} \\ t_{z,\,i+1} \end{bmatrix} \qquad (2\text{-}15)$$

$$\frac{\mathrm{d}^2S_i(u)}{\mathrm{d}u^2}\mid_{u=0} = n_i = \begin{bmatrix} n_{xi} \\ n_{yi} \\ n_{zi} \end{bmatrix}, \ \frac{\mathrm{d}^2S_i(u)}{\mathrm{d}u^2}\mid_{u=l_i} = n_{i+1} = \begin{bmatrix} n_{x,\,i+1} \\ n_{y,\,i+1} \\ n_{z,\,i+1} \end{bmatrix} \qquad (2\text{-}16)$$

五次样条函数形式如式（2-17）所示

$$S_i(u) = A_i u^5 + B_i u^4 + C_i u^3 + D_i u^2 + E_i u + F_i \qquad (2\text{-}17)$$

式中

$$S_i = \begin{bmatrix} S_{xi} \\ S_{yi} \\ S_{zi} \end{bmatrix}, \ A_i = \begin{bmatrix} A_{xi} \\ A_{yi} \\ A_{zi} \end{bmatrix}, \ B_i = \begin{bmatrix} B_{xi} \\ B_{yi} \\ B_{zi} \end{bmatrix}, \ \cdots, \ F_i = \begin{bmatrix} F_{xi} \\ F_{yi} \\ F_{zi} \end{bmatrix} \qquad (2\text{-}18)$$

当参数 $u = 0$ 时，有

$$S_i(u)\mid_{u=0} = P_i = \begin{bmatrix} x_i \\ y_i \\ z_i \end{bmatrix} = F_i$$

$$\frac{\mathrm{d}S_i(u)}{\mathrm{d}u}\mid_{u=0} = t_i = \begin{bmatrix} t_{xi} \\ t_{yi} \\ t_{zi} \end{bmatrix} = E_i$$

$$\frac{\mathrm{d}^2 S_i(u)}{\mathrm{d}u^2}\bigg|_{u=0} = n_i = \begin{bmatrix} n_{xi} \\ n_{yi} \\ n_{zi} \end{bmatrix} = 2D_i$$

当参数 $u = l_i$ 时，有

$$S_i(u)\big|_{u=l_i} = P_{i+1} = \begin{bmatrix} x_{i+1} \\ y_{i+1} \\ z_{i+1} \end{bmatrix} = A_i l_i^5 + B_i l_i^4 + C_i l_i^3 + D_i l_i^2 + E_i l_i + F_i$$

$$\frac{\mathrm{d}S_i(u)}{\mathrm{d}u}\bigg|_{u=l_i} = t_{i+1} = \begin{bmatrix} t_{x,\,i+1} \\ t_{y,\,i+1} \\ t_{z,\,i+1} \end{bmatrix} = 5A_i l_i^4 + 4B_i l_i^3 + 3C_i l_i^2 + 2D_i l_i + E_i$$

$$\frac{\mathrm{d}^2 S_i(u)}{\mathrm{d}u^2}\bigg|_{u=l_i} = n_{i+1} = \begin{bmatrix} n_{x,\,i+1} \\ n_{y,\,i+1} \\ n_{z,\,i+1} \end{bmatrix} = 20A_i l_i^3 + 12B_i l_i^2 + 6C_i l_i + 2D_i$$

由此，A_i、B_i、C_i、D_i、E_i、F_i 可以计算为

$$A_{xi} = \frac{1}{l_i^5}[6(x_{i+1} - x_i) - 3(t_{x,\,i+1} + t_{x,\,i}) + 0.5(n_{x,\,i+1} - n_{x,\,i})l_i^2]$$

$$B_{xi} = \frac{1}{l_i^4}[15(x_i - x_{i+1}) + (7t_{x,\,i+1} + 8t_{x,\,i})\,l_i + 1.5(n_{x,\,i+1} - n_{x,\,i})l_i^2]$$

$$C_{xi} = \frac{1}{l_i^3}[10(x_{i+1} - x_i) - (4t_{x,\,i+1} + 6t_{x,\,i}) - (1.5n_{x,\,i} - 0.5n_{x,\,i+1})l_i^2]$$

$$D_{xi} = 0.5n_{xi}$$

$$E_{xi} = t_{xi}$$

$$F_{xi} = x_i$$

$$A_{yi} = \frac{1}{l_i^5}[6(y_{i+1} - y_i) - 3(t_{y,\,i+1} + t_{y,\,i}) + 0.5(n_{y,\,i+1} - n_{y,\,i})l_i^2]$$

$$B_{yi} = \frac{1}{l_i^4}[15(y_i - y_{i+1}) + (7t_{y,\,i+1} + 8t_{y,\,i})\,l_i + 1.5(n_{y,\,i+1} - n_{y,\,i})l_i^2]$$

$$C_{yi} = \frac{1}{l_i^3}[10(y_{i+1} - y_i) - (4t_{y,\,i+1} + 6t_{y,\,i}) - (1.5n_{y,\,i} - 0.5n_{y,\,i+1})\,l_i^2]$$

$$D_{yi} = 0.5n_{yi}$$

$$E_{yi} = t_{yi}$$

$$F_{yi} = y_i$$

$$A_{zi} = \frac{1}{l_i^5}[6(z_{i+1} - z_i) - 3(t_{z,\,i+1} + t_{z,\,i}) + 0.5(n_{z,\,i+1} - n_{z,\,i})\,l_i^2]$$

$$B_{zi} = \frac{1}{l_i^4}[15(z_i - z_{i+1}) + (7t_{z,\,i+1} + 8t_{z,\,i})\,l_i + 1.5(n_{z,\,i+1} - n_{z,\,i})\,l_i^2]$$

$$C_{zi} = \frac{1}{l_i^3}[10(z_{i+1} - z_i) - (4t_{z,\,i+1} + 6t_{z,\,i}) - (1.5n_{z,\,i} - 0.5n_{z,\,i+1})\,l_i^2]$$

$$D_{zi} = 0.5n_{zi}$$

$$E_{zi} = t_{zi}$$

$$F_{zi} = z_i$$

至此，可以对测量点进行基于三次样条边界条件估计的五次样条拟合。但是，得到的拟合曲线并不是工件焊缝，而是与工件焊缝相距一个测头半径长度的偏置曲线。偏置方向是沿着复杂曲面零件被测点的法线方向。

为了得到实际加工轨迹，一方面需要对样条函数所表达的曲线进行离散化，另一方面需要确定搅拌摩擦焊接轨迹的刀具法向矢量。在机器人和其他数控设备中，系统的连续运动在微观上是由每个控制周期微小时间片内机器人系统运动的微小直线段组成的。在机器人加减速控制和惯性作用下，微小直线段之间高阶连续平滑。搅拌摩擦焊接过程负载很大，为了使机器人运动具有更加稳定的动态特性，需要在轨迹离散时进行与动态特性相关的规划。拟合曲线离散后的点在沿着工件法向矢量反向上偏置一个测头半径的距离就是实际加工的刀位点。

2.4　轨迹离散插补

由于机器人和数控机床的末端空间轨迹都是用微小直线段对目标轨迹进行逼近，需要对生成的五次样条轨迹进行离散化处理。在五次样条曲线上每隔一定长度取一个刀位点，实际上是用刀位点之间的弦长代替弧长。弦与弧之间的高度差（弦高差）可以看成是理论计算的误差，但实际上，机器人末端按微小弦长分段运行时的误差要小于弦高差，因为机器人本身的质量特性（惯性）能够平滑刀位点之间的微小直线段，使末端的连续运行轨迹更接近弧的过渡。弦高差法的计算原理如图 2-10 所示。

对于曲率变化连续的空间曲线，可以用弦中间点和样条曲线参数中间点之间的距离

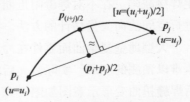

图 2-10　弦高差法的计算原理

代替弦和弧之间的最大距离。也就是说，如果要计算 P_i 和 P_j 之间的弦高差，可以将 $u = (u_i + u_j)/2$ 代入式（2-3），求得 $P_{(i+j)/2}$ 后，应用两点间距离公式计算其与 $(p_i + p_j)/2$ 之间的距离。对于整条三次样条轨迹，应用弦高差法可以采用"迭代"+"折半"的编程方法，几行代码便可以实现一个复杂的搜索算法。图 2-11 所示为弦高差法迭代流程图，其中"m_err"为给定的弦高误差极限值。

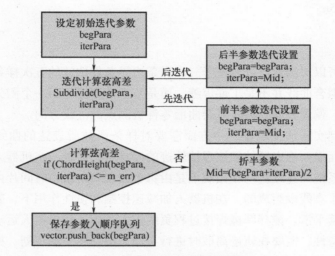

图 2-11　弦高差法迭代流程图

2.5　加工法向矢量估计

2.5.1　伪刀位点法向矢量估计

根据搅拌摩擦焊接的工艺要求，在工件外表面的法向矢量方向上进行焊接加工时，对位置精度要求较高，搅拌针需要在整个焊接过程中与工件表面保持一个特定角度。否则，金属材料会在焊接过程中从工件和搅拌针之间挤出而产生焊接缺陷。在不对焊缝附近曲面进行测量的情况下，提出了根据焊缝测量点进行空间法向矢量估计的方法。

大型薄壁复杂曲面零件在冲压加工、运输、应力释放和装夹过程中都会产生难以预测的变形。实际装夹后的工件与理论模型之间的误差很大，工件装夹后焊缝扭曲变形示意图如图 2-12 所示。

首先对应用 2.4 节中离散化方法得到的伪刀位点进行最小二乘平面拟合，将

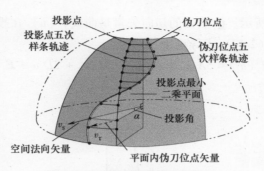

图 2-12   工件法矢量估计示意图

拟合得到的最小二乘平面作为理想焊缝位置的初始估计。应用伪刀位点进行最小二乘平面拟合是由于离散化后的伪刀位点较为密集，密集点的最小二乘平面拟合可靠性较高。对于测量得到的稀疏点，由于数量较少，各点的误差会对最小二乘平面产生较大影响。假设参数 a、b、c 为最小二乘平面方程 $ax+by+cz+1=0$ 的三个参数。离散化的伪刀位点序列为 $\left[\boldsymbol{Q}_1, \boldsymbol{Q}_2, \boldsymbol{Q}_3, \cdots, \boldsymbol{Q}_i (x_i, y_i, z_i), \cdots, \boldsymbol{Q}_n \right]$。则最小二乘平面参数可以计算为

$$
\begin{bmatrix} a \\ b \\ c \end{bmatrix} = \begin{bmatrix} \sum x_i^2 & \sum x_i y_i & \sum x_i z_i \\ \sum x_i y_i & \sum y_i^2 & \sum y_i z_i \\ \sum x_i z_i & \sum y_i z_i & \sum z_i^2 \end{bmatrix}^{-1} \begin{bmatrix} -\sum_0^n x_i \\ -\sum_0^n y_i \\ -\sum_0^n z_i \end{bmatrix} \tag{2-19}
$$

将所有伪刀位点投射到最小二乘平面上，伪刀位 $\boldsymbol{Q}_i(x_i, y_i, z_i)$ 对应的投影点坐标 $\boldsymbol{Q}_i^p(x_i^p, y_i^p, z_i^p)$ 可以通过式（2-20）计算得到

$$
\begin{bmatrix} x_i^p \\ y_i^p \\ z_i^p \end{bmatrix} = \begin{bmatrix} x_2 - x_1 & y_2 - y_1 & z_2 - z_1 \\ x_3 - x_1 & y_3 - y_1 & z_3 - z_1 \\ a & b & c \end{bmatrix}^{-1}
$$

$$
\begin{bmatrix} x_i(x_2 - x_1) + y_i(y_2 - y_1) + x_i(z_2 - z_1) \\ x_i(x_3 - x_1) + y_i(y_3 - y_1) + x_i(z_3 - z_1) \\ -1 \end{bmatrix} \tag{2-20}
$$

式中，$[x_1, y_1, z_1]$、$[x_2, y_2, z_2]$、$[x_3, y_3, z_3]$ 是在最小二乘平面内随机选取的三个点。机器人的 C 轴是加工工件时的旋转轴，以 C 轴轴心为工件理论上的轴心。投影角 α 是伪刀位点相对于 C 轴旋转、能够到达投影点所在平面的最小旋转角度，可以通过射影定理计算得到。用 2.3 节中的五次样条插补对投影点进行拟合，得到参数曲线 $f(u)$。在最小二乘平面内，曲线 $f(u)$ 在投影点 $\boldsymbol{Q}_i^p$ 处的法向矢量可以用 $\boldsymbol{Q}_i^p$ 点处的切向矢量和平面法向矢量进行矢量相乘

得到，如图 2-13 所示。Q_i^p 点处的切向矢量是曲线 $f(u)$ 在投影点 Q_i^p 处的一阶微分导数，对式（2-17）求导可得

$$f'(u_i) = 5A_iu_i^4 + 4B_iu_i^3 + 3C_iu_i^2 + 2D_iu + E_i \tag{2-21}$$

$$Q_i^p = f(u_i)$$

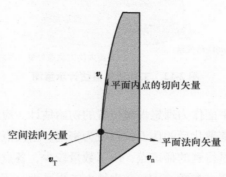

图 2-13　平面内法向矢量计算方法

平面法向矢量 v_n 可由式（2-19）的平面方程参数直接得到。由此，平面内投影曲线在投影点处的法向矢量可以计算为

$$v_T = v_n \times v_t \tag{2-22}$$

伪刀位点处的空间法向矢量可以通过对投影平面内投影点法向矢量进行反向投影得到。伪刀位点法向矢量为

$$v_s = v_T \times \begin{bmatrix} \cos\alpha & -\sin\alpha & 0 \\ \sin\alpha & \cos\alpha & 0 \\ 0 & 0 & 1 \end{bmatrix} \tag{2-23}$$

2.5.2　刀位点计算

在 2.5.1 节中，对伪刀位点处的空间法向矢量进行了估计，得到了伪刀位点序列 $[Q_1, Q_2, Q_3, \cdots, Q_i(x_i, y_i, z_i), \cdots, Q_n]$ 处对应的法向矢量 $v_{s,i}$。伪刀位点序列是沿着曲面法向矢量方向，与焊缝位置相距一个测头半径的空间偏置点。为了得到实际焊缝加工位置 $[P_1, P_2, P_3, \cdots, P_n]$，可对伪刀位点进行反向偏置，即

$$[P_1, P_2, P_3, \cdots, P_n] = [Q_1, Q_2, Q_3, \cdots, Q_n] - r_c \cdot v_s \tag{2-24}$$

2.6　算法精度测试

为了验证稀疏测量点五次分段样条拟合方法的有效性，采用机器人运动控

制与仿真平台对理想测量点进行空间拟合，查看并比较五次样条拟合曲线和传统的三次样条拟合曲线与已知理想曲线的空间位置误差及法向矢量误差。为了避免测量误差的影响，人为制造已知形状的测量点。通过 2.3.2 节中的方法进行拟合，将测量点和已知形状进行比较，得到误差值。

由于搅拌摩擦焊接机器人的两个旋转轴（A 轴和 B 轴）相交于一点，因此，当平动轴 X、Y、Z、W 保持静止，只有 A、B 轴运动时，机器人末端都在以 A、B 轴交点为中心，以 A、B 轴长度为半径的球面上，如图 2-14 所示。AB 轴的长度为 700mm，A 轴行程为 $-90° \sim 15°$，B 轴行程为 $\pm 15°$。为了测试算法的适应性和鲁棒性，在 A、B 轴的最大行程上取七个稀疏测量点，如图 2-15 所示。分别采用本书所阐述的五次样条和三次样条方法进行拟合，仿真系统中的拟合过程如图 2-16 所示，拟合结果及比较如图 2-17 和图 2-18 所示。

拟合后样条轨迹的搅拌头位置误差如图 2-17 所示，五次样条拟合的轨迹误差在 $\pm 15\mu m$ 之间，三次样条轨迹误差约为 $\pm 60\mu m$。五次样条拟合后的搅拌头法矢估计值的误差基本控制在 $\pm 0.003°$，基于三次样条的法矢估计要比五次样条稍大一些，约为 $\pm 0.005°$。

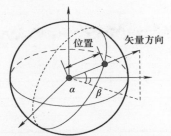

图 2-14　球面点到球心的距离与球面矢量示意图

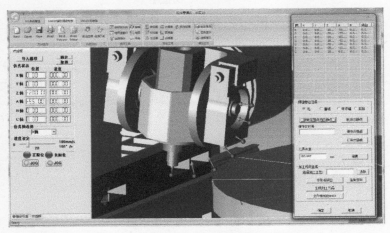

图 2-15　仿真系统中的无误差虚拟测量

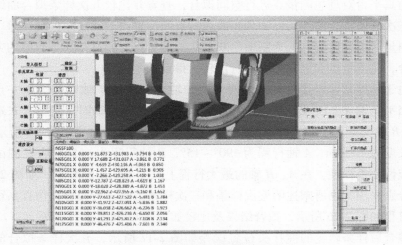

图 2-16　仿真系统中的拟合过程

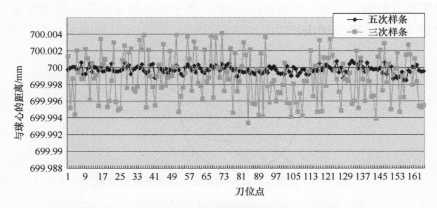

图 2-17　轨迹规划位置误差

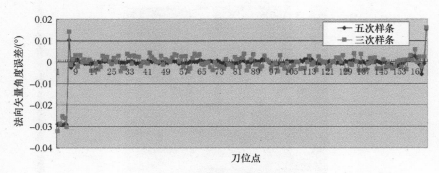

图 2-18　法向矢量角度误差

搅拌摩擦焊接的精度指标包括位置精度指标和搅拌头角度精度指标。根据大型薄壁复杂曲面零件及其材料工艺性能的要求，机器人搅拌摩擦焊接设备对其进行焊接加工的位置精度要求是±0.05mm，角度精度为±0.5°。搅拌头末端运动误差由两部分构成：一部分是机械结构误差，包括加工误差、装配误差、大型部件受力承载变形误差等；另一部分是轨迹规划误差。按照工程经验，轨迹规划误差应小于机械结构误差的十分之一。由此可知，按照精度指标要求，轨迹规划误差应小于±0.005mm，搅拌头末端角度误差应不大于±0.05°。根据仿真结果，本章所提出的五次样条轨迹规划方法和三次样条轨迹规划方法都能够满足要求，但五次样条方法的精度更高，能够在机械结构误差一定的情况下提高系统加工精度。

在轨迹的起始和终点位置，五次样条和三次样条方法的误差近似且略高于中间过程轨迹段的精度。这是由于五次样条的一阶和二阶导数是利用三次样条估计得到的，并且在样条的起始和终点位置，由于缺少足够的拟合点，导数值计算存在误差。为了减小这一误差，可以在样条起始和终点位置增加测量点的数量。

2.7　本章小结

本章针对机器人加工过程中存在的加工对象几何非确定性问题，提出了基于接触式稀疏点测量的高阶连续分段五次样条拟合方法、法向矢量估计方法以及指令轨迹离散化方法。以大型薄壁复杂曲面零件的搅拌摩擦焊接加工为例，基于搅拌摩擦焊接机器人建立了加工一体化测量系统、机器人轨迹规划与仿真系统。通过仿真对比、分析、验证了与通常采用的三次样条拟合方法相比，五次分段样条拟合方法具有更高的位置精度和矢量估计精度。

本章提出的五次分段样条拟合方法也可以应用于机器人关节空间或笛卡儿空间的轨迹规划中。

第 3 章

机器人运动特性多目标轨迹规划

3.1 引言

在空间、水下及核工业等特殊环境下，机械臂系统担负着操作有效载荷、实施实验过程、维修设备等关键任务。通常机械臂有一部分作业轨迹是经过实验预先示教、固化的，但除此之外，还有很多作业任务无法提前预设。尽管当前研究中，很多学者提出利用遥操作控制器由操作者直接控制机械臂末端，但为了避免干涉和保证安全，机械臂的运动速度通常较为缓慢；通过监控装置操作机械臂视野受限，存在信号传输过程导致的时滞环节；操作者在整个控制过程中极易产生难以承受的生物学疲劳。为此，机械臂的智能轨迹规划问题便成为辅助机械臂控制的一个关键问题。

机械臂在目标位置已知的情况下，其中间过程的运动特性是非确定的，轨迹规划的难度在于：出于安全、稳定、节能等方面的需求，机械臂轨迹规划需要同时满足如下几点工作特性要求：

1）机械臂全局避障。

2）任意时刻各关节不超过其最大转矩。

3）轨迹速度、加速度连续。

4）规划轨迹使各关节角运动量最小。

5）机械臂末端轨迹长度最短。

6）机械臂运动时间最短。

7）对于有解情况不允许算法失效。

现有机械臂轨迹规划方法虽然非常丰富，并且不乏成熟度很高的优秀规划策略，但都很难同时满足以上各种相互关联、影响的性能指标。例如，在缩短机械臂运动时间、增大机械臂速度和加速度的同时，可能会造成转矩过大；能够避开障碍的轨迹各轴运动角度和末端执行量可能很大，增加了作业时间和风险。本章针对机械臂运动过程的非确定性因素，提出实时快速扩展树（RRT）预估计的遗传算法避障轨迹规划与优化方法，建立了机械臂关节空间避障轨迹方程，提取影响轨迹特性的参数，借助遗传算法的适合度指标评定函数的迭代，得到了一条既能使机械臂避开多个障碍，又能够同时协同优化运动学、动力学、运动时间、轨迹长度等要求的最优轨迹。

3.2　关节空间样条描述

机械臂的运动空间分为关节空间和笛卡儿空间，这两个空间之间存在线性映射关系。关节空间用于描述机械臂关节的运动，笛卡儿空间用于描述机械臂末端位姿。轨迹规划方法也分为关节空间方法和笛卡儿空间方法。通常情况下，笛卡儿空间轨迹规划用于精确规划机械臂末端操作，而关节空间轨迹规划有助于提升机械臂各关节的动力学性能，使速度和加速度可控。

3.2.1　避障轨迹规划

在实际工作情况下，机械臂的操作环境都具有人为优化的特征，不可能杂乱无章、纷繁复杂，因此一般情况下，只需要假设存在一个中间点，该点能够引导前后两段轨迹的拉伸和扭曲，从而避开所有障碍。对于障碍物分布分散、复杂的情况，可以计算一系列中间点，逐一避开障碍，计算过程如图 3-1 所示。首先只考虑避开障碍 1，此时可得到前后两条分段轨迹（见图 3-1a）；其中一段轨迹造成了与障碍 2 的干涉，对该段轨迹进行二次计算，从而避开障碍 2（见图 3-1b）；但二次计算得到的轨迹可能又会使机器人与障碍 3 发生碰撞，因此对这段问题轨迹进行三次计算（见图 3-1c），以此类推，最终得到一条避开所有障碍的轨迹。自动增加计算中间点来避开障碍的流程如图 3-2 所示。

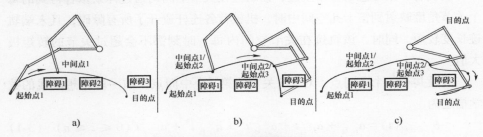

图 3-1　点到点样条轨迹避障方法

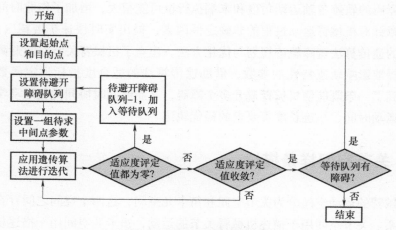

图 3-2　自动避障计算流程图

3.2.2　轨迹样条描述

轨迹起始点和目的点的关节位置已知，初始起始点速度和加速度为零。将避开多段障碍轨迹中间点作为新轨迹段起始点时，速度和加速度沿用初始估计值。

从起始点之后的首个中间点开始计算，将该中间点和上一个点之间用四次样条进行描述，该中间点和目的点之间用五次样条进行描述。高次样条的优势在于能够很好地保证规划的轨迹速度和加速度连续。通常情况下，曲线的拟合、数控轨迹的插补计算都采用奇数次样条，很少采用偶数次样条。为了能够在构造加速度连续的特性的同时减小计算参数，这里采用四次样条拟合中间点前段曲线。如果统一采用五次样条，则需要增加加速度值的参数估计，这会使计算量增大，但轨迹规划后的最终效果差距不大。中间点的选取和障碍物数量有关，障碍物越多，中间点的数量应越大。

假设有一条理想的分段轨迹，该轨迹在关节空间内通过样条拟合得到的每个关节角度映射到笛卡儿空间中时，机械臂各连杆避开了所有障碍，且末端轨迹长度较短。同时，该轨迹在关节空间内每一时刻都不会超过关节的转矩极大值。

假设共有 n 个中间点，对于 j 关节的第 i 个中间点，前一段理想曲线的数学描述为

$$\theta_{j,\,i,\,i+1}(t) = a_{j,\,i_0} + a_{j,\,i_1}t + a_{j,\,i_2}t^2 + a_{j,\,i_3}t^3 + a_{j,\,i_4}t^4 \quad (0 \leqslant i \leqslant n) \quad (3\text{-}1)$$

式中，$a_{j,\,i_0}$，$a_{j,\,i_1}$，$a_{j,\,i_2}$，$a_{j,\,i_3}$，$a_{j,\,i_4}$ 是五个需要进一步确定的样条参数，为了

保证关节位置、速度、加速度连续，对式（3-1）分别进行一次微分和二次微分

$$\dot{\theta}_{j,\,i,\,i+1}(t) = a_{j,\,i_1} + 2a_{j,\,i_2}t + 3a_{j,\,i_3}t^2 + 4a_{j,\,i_4}t^3 \tag{3-2}$$

$$\ddot{\theta}_{j,\,i,\,i+1}(t) = 2a_{j,\,i_2} + 6a_{j,\,i_3}t + 12a_{j,\,i_4}t^2 \tag{3-3}$$

轨迹的起始位置处 $t = 0$，代入式（3-1）~式（3-3）可得

$$\theta_{j,\,i,\,i+1}(0) = \theta_{j,\,i} = a_{j,\,i0} \tag{3-4}$$

$$\dot{\theta}_{j,\,i,\,i+1}(0) = \dot{\theta}_{j,\,i} = a_{j,\,i1} \tag{3-5}$$

$$\ddot{\theta}_{j,\,i,\,i+1}(0) = \ddot{\theta}_{j,\,i} = 2a_{j,\,i1} \tag{3-6}$$

设四次样条轨迹运行时间为 T_i，将轨迹终点处 $t = T_i$ 代入式（3-1）~式（3-3）可得

$$\theta_{j,\,i,\,i+1}(T_i) = \theta_{j,\,i+1} = a_{j,\,i_0} + a_{j,\,i_1}T_i + a_{j,\,i_2}T_i^2 + a_{j,\,i_3}T_i^3 + a_{j,\,i_4}T_i^4 \tag{3-7}$$

$$\dot{\theta}_{j,\,i,\,i+1}(T_i) = \dot{\theta}_{j,\,i+1} = a_{j,\,i_1} + 2a_{j,\,i_2}T_i + 3a_{j,\,i_3}T_i^2 + 4a_{j,\,i_4}T_i^3 \tag{3-8}$$

$$\ddot{\theta}_{j,\,i,\,i+1}(T_i) = \ddot{\theta}_{j,\,i+1} = 2a_{j,\,i_2} + 6a_{j,\,i_3}T_i + 12a_{j,\,i_4}T_i^2 \tag{3-9}$$

将式（3-4）~式（3-6）代入式（3-7）~式（3-9）可得

$$a_{j,\,i0} = \theta_{j,\,i} \tag{3-10}$$

$$a_{j,\,i_1} = \dot{\theta}_{j,\,i} \tag{3-11}$$

$$a_{j,\,i_2} = \ddot{\theta}_{j,\,i}/2 \tag{3-12}$$

$$a_{j,\,i_3} = (4\theta_{j,\,i+1} - \dot{\theta}_{j,\,i+1}T_i - 4\theta_{j,\,i} - 3\ddot{\theta}_{j,\,i}T_i^2)/T_i^3 \tag{3-13}$$

$$a_{j,\,i_3} = (\dot{\theta}_{j,\,i+1}T_i - 3\theta_{j,\,i+1} + 3\theta_{j,\,i} + 2\dot{\theta}_{j,\,i}T_i + \ddot{\theta}_{j,\,i}T_i^2/2)/T_i^4 \tag{3-14}$$

当从首个中间点开始向后求解时，首个中间点和起始点之间建立四次样条曲线关系，起始位置的 $\theta_{j,i}$、$\dot{\theta}_{j,i}$、$\ddot{\theta}_{j,i}/2$ 都是已知量，中间点的 $\theta_{j,i+1}$、$\dot{\theta}_{j,i+1}$ 是未知量，$\ddot{\theta}_{j,i+1}$ 可以通过式（3-9）求出。

对于 j 关节的第 i 个中间点，后一段理想曲线的数学描述为

$$\theta_{j,\,i,\,i+1}(t) = b_{j,\,i_0} + b_{j,\,i_1}t + b_{j,\,i_2}t^2 + b_{j,\,i_3}t^3 + b_{j,\,i_4}t^4 + b_{j,\,i_5}t^5 (0 \leqslant i \leqslant n)$$

$$\tag{3-15}$$

式中，$b_{j,\,i_0}$，$b_{j,\,i_1}$ … $b_{j,\,i_5}$ 是六个需要进一步确定的参数。对式（3-15）分别进行一次微分和二次微分，可得

$$\dot{\theta}_{j,\,i}(t) = b_{j,\,i_1} + 2b_{j,\,i_2}t + 3b_{j,\,i_3}t^2 + 4b_{j,\,i_4}t^3 + 5b_{j,\,i_5}t^4 \tag{3-16}$$

$$\ddot{\theta}_{j,\,i}(t) = 2b_{j,\,i_2} + 6b_{j,\,i_3}t + 12b_{j,\,i_4}t^2 + 20b_{j,\,i_5}t^3 \tag{3-17}$$

轨迹的起始位置处 $t = 0$，代入式（3-15）~式（3-17）可得：

$$\theta_{j,\,i,\,i+1}(0) = \theta_{j,\,i} = b_{j,\,i_0} \tag{3-18}$$

$$\dot{\theta}_{j,\,i,\,i+1}(0) = \dot{\theta}_{j,\,i} = b_{j,\,i_1} \tag{3-19}$$

$$\ddot{\theta}_{j,\,i,\,i+1}(0) = \ddot{\theta}_{j,\,i} = 2b_{j,\,i1} \tag{3-20}$$

设五次样条轨迹运行时间为 T_i，将轨迹终点处的 $t = T_i$ 代入式（3-15）~式（3-17）可得

$$
\begin{aligned}
\theta_{j,\,i,\,i+1}(T_i) &= \theta_{j,\,i+1} \\
&= b_{j,\,i_0} + b_{j,\,i_1}T_i + b_{j,\,i_2}T_i^2 + b_{j,\,i_3}T_i^3 + b_{j,\,i_4}T_i^4 + b_{j,\,i_5}T_i^5
\end{aligned} \tag{3-21}
$$

$$
\begin{aligned}
\dot{\theta}_{j,\,i,\,i+1}(T_i) &= \dot{\theta}_{j,\,i+1} \\
&= b_{j,\,i_1} + 2b_{j,\,i_2}T_i + 3b_{j,\,i_3}T_i^2 + 4b_{j,\,i_4}T_i^3 + 5b_{j,\,i_5}T_i^4
\end{aligned} \tag{3-22}
$$

$$
\begin{aligned}
\ddot{\theta}_{j,\,i,\,i+1}(T_i) &= \ddot{\theta}_{j,\,i+1} \\
&= 2b_{j,\,i_2} + 6b_{j,\,i_3}T_i + 12b_{j,\,i_4}T_i^2 + 20b_{j,\,i_5}T_i^3
\end{aligned} \tag{3-23}
$$

将式（3-18）~式（3-20）代入式（3-21）~式（3-23）可得

$$b_{j,\,i0} = \theta_{j,\,i} \tag{3-24}$$

$$b_{j,\,i_1} = \dot{\theta}_{j,\,i} \tag{3-25}$$

$$b_{j,\,i_2} = \ddot{\theta}_{j,\,i}/2 \tag{3-26}$$

$$
\begin{aligned}
b_{j,\,i_3} = \big[& 20\theta_{j,\,i+1} - 20\theta_{j,\,i} - (8\dot{\theta}_{j,\,i+1} + 12\dot{\theta}_{j,\,i})\,T_i \\
& - (3\ddot{\theta}_{j,\,i} - \ddot{\theta}_{j,\,i+1})\,T_i^2 \big]/2\,T_i^3
\end{aligned} \tag{3-27}
$$

$$
\begin{aligned}
b_{j,\,i_4} = \big[& 30\theta_{j,\,i} - 30\theta_{j,\,i+1} - (14\dot{\theta}_{j,\,i+1} + 16\dot{\theta}_{j,\,i})\,T_i \\
& + (3\ddot{\theta}_{j,\,i} - 2\ddot{\theta}_{j,\,i+1})\,T_i^2 \big]/2\,T_i^4
\end{aligned} \tag{3-28}
$$

$$
\begin{aligned}
b_{j,\,i_5} = \big[& 12\theta_{j,\,i+1} - 12\theta_{j,\,i} - (6\dot{\theta}_{j,\,i+1} + 6\dot{\theta}_{j,\,i})\,T_i \\
& + (\ddot{\theta}_{j,\,i} - \ddot{\theta}_{j,\,i+1})\,T_i^2 \big]/2T_i^4
\end{aligned} \tag{3-29}
$$

3.3 优化参数提取

3.3.1 中间点参数

通过整理 3.2.2 节的公式可以发现，只有中间点的位置 $\theta_{j,\,i+1}$ 和速度 $\dot{\theta}_{j,\,i+1}$ 是未知量，在求解出这两个待定系数后，如果设轨迹有 n 个中间点，机器人有 m 个自由度，机器人末端有 p 个自由度，则需要确定的参数数量为

$$\text{Num} = 2m + (m-p) + (n+1) \tag{3-30}$$

式（3-30）中有 m 个关节角度值，m 个关节速度值，$m-p$ 个待确定的末端自

由度，$n+1$ 段运行时间。

以空间六自由度连杆机器人需要避开一个障碍物为例，对应式（3-30），$m=6$，$n=1$，$p=6$ 要确定的参数分别是 q_1，q_2，q_3，q_4，q_5，q_6，$\dot{q}_1$，$\dot{q}_2$，$\dot{q}_3$，$\dot{q}_4$，$\dot{q}_5$，$\dot{q}_6$，t_1，t_2。它们分别是中间点处两连杆的角度 q_1、q_2、q_3、q_4、q_5、q_6，角速度 $\dot{q}_1$、$\dot{q}_2$、$\dot{q}_3$、$\dot{q}_4$、$\dot{q}_5$、$\dot{q}_6$，以及起始点与中间点之间的运行时间 t_1 和中间点与目的点之间的运行时间 t_2。

由此可知，要确定两段相互连接的高次样条轨迹，需要对与中间点相关的 14 个参数进行求解。能够满足约束要求的中间点很多，因此无法以求解多元方程的形式求得解析解，需要采用智能算法进行优化求解。从非常多的可行中间点中选择出最适合的中间点，引导两段高次样条轨迹，使机械臂的运动过程不仅能够避开障碍，而且具备最优的动态特性。但优化求解的计算效率与待求解参数的数量直接相关。在求解计算实验过程中，14 个待求解参数的优化计算时间是难以接受的，事实上，当机械臂自由度超过三个、待求解参数达到八个时，计算效率就会显著下降。为了能够在短时间内通过智能优化算法得到最优解，需要进一步对待优化参数进行提取。本书采用遗传算法进行机械臂轨迹的多目标优化。

3.3.2　参数提取

根据机器人关节空间和笛卡儿空间的映射关系和基本运动特性可知，3.3.1 节中的 14 个参数之间存在耦合和联动关系。通过参数之间的联动关系进一步进行参数提取，避免耦合参数之间不匹配的参数估计所产生的无效求解过程，从而提高优化效率。笛卡儿空间末端轨迹示意图如图 3-3 所示。机械臂末端在笛卡儿空间中的轨迹可以从机械臂关节空间规划轨迹向笛卡儿空间映射得到。中间点的关节空间速度映射为笛卡儿空间中的一个末端速度矢量。

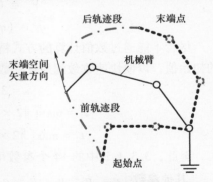

图 3-3　笛卡儿空间末端轨迹示意图

在对关节空间速度 $\dot{q}_1$、$\dot{q}_2$、$\dot{q}_3$、$\dot{q}_4$、$\dot{q}_5$、$\dot{q}_6$ 进行估计时，如果采用直接估计法，在各关节取值空间内选取随机值，则六个随机值映射到笛卡儿空间中得到末端矢量的可行性较差。因此，可以在笛卡儿空间内进行末端矢量的参数估计后，再将末端矢量反向映射到关节空间中。末端矢量需要确定的是矢量方向和矢量大小，这样得到的关节空间内的速度值是完全相互匹配的。

关节角度值估计为q_1、q_2、q_3、$\dot{q}_4$、q_5、q_6，根据机械臂运动学，机械臂末端位姿可以计算为

$$\begin{bmatrix} & & & P_x \\ R_{3\times3} & & & P_y \\ & & & P_z \\ 0 & 0 & 0 & 1 \end{bmatrix} = {}_1^0\boldsymbol{T}(q_1)\,{}_2^1\boldsymbol{T}(q_2)\,{}_3^2\boldsymbol{T}(q_3)\,{}_4^3\boldsymbol{T}(q_4)\,{}_5^4\boldsymbol{T}(q_5)\,{}_6^5\boldsymbol{T}(q_6) \quad (3\text{-}31)$$

(P_x, P_y, P_z) 是机械臂末端在笛卡儿空间中的位置坐标。当机械臂末端沿不同方向以不同的速度运动时，关节速度$\dot{q}_1$、$\dot{q}_2$、$\dot{q}_3$、$\dot{q}_4$、$\dot{q}_5$、$\dot{q}_6$都存在一组确定的对应值。根据机械臂关节空间速度和末端速度映射的雅可比矩阵，六个参数可以估计为

$$\dot{\boldsymbol{q}} = \boldsymbol{J}^{-1}(\boldsymbol{q})\,\boldsymbol{V}_e \quad (3\text{-}32)$$

$$\boldsymbol{V}_e = s \cdot [v_x, v_y, v_z] \quad (3\text{-}33)$$

式中，$\dot{\boldsymbol{q}}$是关节速度矢量，$\dot{\boldsymbol{q}} = [\dot{q}_1, \dot{q}_2, \dot{q}_3, \dot{q}_4, \dot{q}_5, \dot{q}_6]$；$\boldsymbol{J}^{-1}(\boldsymbol{q})$是关节角度矢量$\boldsymbol{q} = [q_1, q_2, q_3, q_4, q_5, q_6]$时的机械臂雅可比矩阵；$\boldsymbol{V}_e$是机械臂末端的速度矢量；$s$是速度矢量的范数；$[v_x, v_y, v_z]$是表示方向的单位矢量。因为单位矢量$v_x^2 + v_y^2 + v_z^2 = 1$，由此，借助式（3-32）和式（3-33）就可以用三个参数s、v_x、v_y来替代$\dot{q}_1$、$\dot{q}_2$、$\dot{q}_3$、$\dot{q}_4$、$\dot{q}_5$、$\dot{q}_6$六个参数。对其进行估计时，需要额外满足两个限定条件

$$\boldsymbol{V}_e \in (\boldsymbol{V}_{\min}, \boldsymbol{V}_{\max}) \quad (3\text{-}34)$$

$$\dot{q}_i \in (\dot{q}_{i,\min}, \dot{q}_{i,\max}) \quad (3\text{-}35)$$

尽管不能通过数值计算的方式精确地得到其他参数，但可以设定一个合理的初始值，以便快速收敛到最优参数。设定初始值为

$$s = 3 \times \|\boldsymbol{V}_e\| / 4 \quad (3\text{-}36)$$

$$t_1 = \max[\|2 \times (q_{i,\text{initial}} - q_i) / \dot{q}_i\|] \quad (3\text{-}37)$$

$$t_2 = \max[\|2 \times (q_{i,\text{end}} - q_i) / \dot{q}_i\|] \quad (3\text{-}38)$$

至此，3.3.1节中的14个参数可以优化为$[q_1, q_2, q_3, q_4, q_5, q_6, v_x, v_y]$，其他参数$[\dot{q}_1, \dot{q}_2, \dot{q}_3, \dot{q}_4, \dot{q}_5, \dot{q}_6, t_1, t_2]$可以间接估计得到。参数$[q_1, q_2, q_3, q_4, q_5, q_6, v_x, v_y]$是遗传算法的基因。

3.3.3 基于快速扩展树的初始估计

遗传算法的初始种群是对基因（待优化参数）中的各参数值在其定义域空间内的随机取值。在具有避障要求的六维机器人轨迹求解过程中，随机取值所得到可行解的数量非常少。在初始种群中可行解所占比例很小的情况下，遗

传算法会由于取值分布不均陷入局部最优，而得不到全局最优解。为了增加遗传算法初始种群中可行解的数量，采用快速扩展树对种群初始基因进行估计。

定义随机快速扩展树（RRT）的节点 $x = [q_1, q_2, q_3, q_4, q_5, q_6]$，是机械臂六维关节空间变量。RRT 算法参数定义见表 3-1。

表 3-1　RRT 算法参数定义

参　数	定　义
C	状态空间
C_{free}	自由空间
C_{obs}	障碍空间
x_{start}	初始点
x_{rand}	随机点
x_{goal}	目标点
$step$	步长
$Dis(x_1, x_2)$	两点间的欧式距离
T_n	随机树有 n 个节点

随机快速扩展树示意图如图 3-4 所示。采样过程是在构型空间 X 中随机取一些点，这些采样点之间服从均匀分布，且相互独立。最近节点的求取是再给定一个图 $G = (V, E)$，其中 $V \subset X$，E 表示连接节点集 V 中两个点的边。对于 $x \subset X$，定义函数 $Nearest(G, x) \to v \in V$，$v$ 是 V 中距离 x 最近的节点。采用欧拉距离作为多维关节空间的距离量度

$$Nearest(G(V, E), x) := \arg\min_{v \in V} \|x-v\|$$

式中，$\arg\min(\cdot)$ 是当函数取最小值时对应的自变量值。

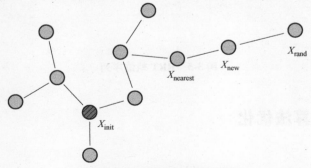

图 3-4　随机快速扩展树示意图

给定点 $(x, y) \in X$，正实数 $step \in R_{\geq 0}$，则 RRT 进行下一个步长搜索函数 $Steering$ 为

$$Steering(x,y,z) := \{z : z = x + step * (y-x)/\|y-x\|\}$$

式中，z 是以 x 为起点，沿 $\overrightarrow{y-x}$ 的方向前进一个步长 $step$ 的距离得到的点，如果 $\|y-x\| < step$，则 $z=y$。

对给定点 x、$x' \in X$，$\{Y: y \in Y, y=x+t \cdot (x'-x), t \in [0, 1]\}$，如果 $Y \subseteq X_{free}$，则函数 $CollisionFree(x)$ 返回值 True，否则，返回值 False。

对于给定目标构型 x_{goal}、任意构型 $x \in X$，$error \in R_{\geqslant 0}$，如果 $\|x_{goal}-x\| < error$，且 $CollisionFree(x, x_{goal})$，则构型 x 落在了目标区域中，即达到了目标构型。

应用 RRT 算法得到一组离散化的轨迹序列 $T_{RRT} = \{x_1, \cdots, x_n, \cdots, x_{goal}\}$，取其中可行的随机节点 x_i 作为遗传算法初始种群的基因 $[q_1, q_2, q_3, q_4, q_5, q_6, v_x, v_y]$ 中对 $[q_1, q_2, q_3, q_4, q_5, q_6]$ 的估计，末端方向矢量 $[v_x, v_y, v_z]$ 可估计为

$$v = [v_x; v_y; v_z] = x_{i+1} - x_{i-1} \tag{3-39}$$

可以在一组 RRT 轨迹中多次随机寻找可行节点作为遗传算法种群中的基因，也可以多次运行 RRT 算法，随机取可行节点。

根据 RRT 算法得到的轨迹如图 3-5 所示。RRT 算法生成的轨迹点作为遗传算法的初始种群估计。但 RRT 算法的轨迹并不是能够同时满足多种约束条件的最优轨迹，最优轨迹的求取需要在遗传算法的基础上进行。

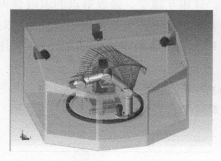

a)   b)

图 3-5 RRT 轨迹序列

3.4 遗传算法优化

3.4.1 引言

遗传算法是借鉴生物界的进化规律演化而来的随机化搜索方法。其重要特点是直接对结构对象进行操作，不存在求导和函数连续性的限定，具有内在的隐并行性和更好的全局寻优能力。

遗传算法的原理如图 3-6 所示。

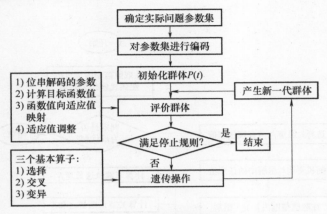

图 3-6　遗传算法原理图

（1）初始化　设置进化代数计算器 $t = 0$，设置最大进化代数 T，随机设置 M 个个体作为初始群体 $P(0)$。

（2）个体评价　计算群体 $P(t)$ 中每个个体的适应度。

（3）选择运算　将选择算子作用于群体。选择的目的是把优化的个体直接遗传到下一代，或通过配对交叉产生新的个体再遗传到下一代。选择操作是建立在群体中个体的适应度估计基础上的。

（4）交叉运算　将交叉算子作用于群体。遗传算法中起核心作用的就是交叉算子。

（5）变异运算　将变异算子作用于群体，即对群体中个体串的某些基因组上的基因值进行变动。群体 $P(t)$ 经过选择、交叉、变异运算之后得到下一个群体 $P(t + 1)$。

（6）终止条件判断　①若 n 次迭代适应度平均值变化小于 σ，则可以认为群体最优解趋同，输出最优解终止计算；②若 $t = T$，则将进化过程中所得到的具有最大适应度的个体作为最优解输出，终止计算。

3.4.2　适应度指标函数

待确定参数的值决定了样条轨迹的性能，最理想的参数能够得到一条最理想的样条轨迹，这组参数就是遗传算法中的一组基因。

遗传算法的计算过程如图 3-7 所示。首先创建 P_n 组基因，每组基因内的数值都是在其取值范围内选取的随机数，P_n 是遗传算法的种群数。从算法原理的角度，P_n 的组数越多，越有可能在初始设置的基因组中包含接近最优结果的基因，就能越快地通过交配和变异找到最优解。但 P_n 值增大，计算量会相对增加。

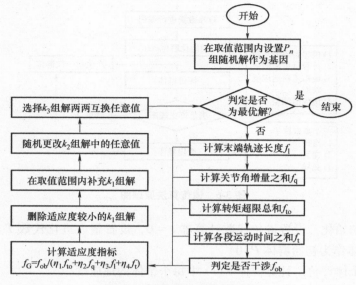

图3-7 遗传算法的计算过程

判定遗传算法是否达到最优的方法是判断 P_n 组基因适应度指标 f_G 是否接近，如果适应度指标 f_G 之间的数值差异非常小，则说明种群基因的相似程度已经很高，此时的基因应该是最优解，退出程序。

如果 P_n 组基因的 f_G 之间差异很大，则需要根据适应度指标将适应度较小的基因组删除，可以人为设定删除其中适应度指标最小的 k_1 组解，但需要在删除后随机地用保留的基因组填补删除掉的基因数，使种群 P_n 保持不变。这是遗传算法优胜劣汰的进化过程。为了能使可行解进一步在可行区间内分布，随机选取 k_2 组解，更改其部分参数值；然后选取 k_3 组解，进行可行解之间的数值交换。模仿生物学的遗传变异过程，增加可行解的数值分布。

根据空间机械臂工作特性的要求，将适应度指标定义为

$$f_G = f_{ob}/(\eta_1 f_{to} + \eta_2 f_q + \eta_3 f_1 + \eta_4 f_t) \tag{3-40}$$

式中，f_G 为基因适应度指标；f_{ob} 为干涉评值，干涉为0，不干涉为1；f_{to} 为运动过程各关节转矩超限总和；f_q 为各关节角度增量之和；f_1 为机器人末端轨迹长度；f_t 为各段运动时间之和；η_1、η_2、η_3、η_4 为加权因子。

加权因子表征算法对各参数要求的严格程度。假设当要求机器人各关节转矩不能超过设定的最大转矩时，运动时间不是最短的。根据加权因子设定，如果 $\eta_1 > \eta_2$，则优先保证转矩限制；相反，如果 $\eta_1 < \eta_2$，则优先保证时间最短。但

需要注意的是，几个加权因子的设置需要保证加权因子所在的几项在数量级上是一样的，否则，数量级大的项会使数量极小的项退化失效。

遗传算法在每次迭代过程中对 P_n 组随机解中的每组随机解都计算一次适应度函数，得到一个适应度函数的评定值。由式（3-40）可知，对于定义的适应度函数，一组解通过适应度函数计算后得到的值越大，表明这组解越接近最优解。

3.4.3　末端轨迹长度计算

机器人控制系统实质上是周期性循环计算的离散化信息处理系统。机器人宏观上连续的运动过程在微观上是每个控制周期内执行一个微小运动增量。这些周期性的运动增量在机器人系统惯性作用下被平滑。机器人控制器实时中断周期已知，设为 T。对于某一组参数，机器人运行的前后两段轨迹的周期数分别为 t_1/T 和 t_2/T。对于第 i 个周期 $[0 \leqslant t_i \leqslant (t_1 + t_2)/T]$，将时间常数代入式（3-1）和式（3-15），可以得到机器人六个关节的角度值。

当 $0 \leqslant t_i \leqslant t_1/T$ 时

$$\boldsymbol{\theta}(t_i) = a_{j,\,i_0} + a_{j,\,i_1}t_i + a_{j,\,i_2}t_i^2 + a_{j,\,i_3}t_i^3 + a_{j,\,i_4}t_i^4 \tag{3-41}$$

当 $t_1/T \leqslant t_i \leqslant t_2/T$ 时，

$$\boldsymbol{\theta}(t_i) = b_{j,\,i_0} + b_{j,\,i_1}t_i + b_{j,\,i_2}t_i^2 + b_{j,\,i_3}t_i^3 + b_{j,\,i_4}t_i^4 + b_{j,\,i_5}t_i^5 \tag{3-42}$$

式中，$\boldsymbol{\theta}(t_i)$ 为关节矢量，$\boldsymbol{\theta}(t_i) = [\theta_1；\theta_2；\theta_4；\theta_5；\theta_6]$。根据机器人 DH 参数和运动学，机器人末端位姿可以表示为

$$
{}_{6}^{0}\boldsymbol{T} = {}_{1}^{0}\boldsymbol{T}(\theta_1)\,{}_{2}^{1}\boldsymbol{T}(\theta_2)\,{}_{3}^{2}\boldsymbol{T}(\theta_3)\,{}_{4}^{3}\boldsymbol{T}(\theta_4)\,{}_{5}^{4}\boldsymbol{T}(\theta_5)\,{}_{6}^{5}\boldsymbol{T}(\theta_6) = \begin{bmatrix} r_{11} & r_{12} & r_{13} & p_x \\ r_{21} & r_{22} & r_{23} & p_y \\ r_{31} & r_{32} & r_{33} & p_z \\ 0 & 0 & 0 & 1 \end{bmatrix}
$$

$$\tag{3-43}$$

第 i 个周期机器人末端所在空间位置坐标为 $(p_{i,x},\,p_{i,y},\,p_{i,z})$，每个周期末端位置坐标之间的距离之和就是末端轨迹长度 f_1，即

$$f_1 = \sum_{i=0}^{\frac{t_1}{T}+\frac{t_2}{T}} \sqrt{\left(p_{i,\,x} - p_{i-1,\,x}\right)^2 + \left(p_{i,\,y} - p_{i-1,\,y}\right)^2 + \left(p_{i,\,z} - p_{i-1,\,z}\right)^2} \tag{3-44}$$

3.4.4　转矩超限计算

通过 Solidworks 软件对机械模型系统质心、转动惯量等重要动力学参数进行计算，按照经典方法建立空间机械臂动力学，即

$$\tau = M(\theta) \ddot{\theta} + B(\theta) [\dot{\theta} \dot{\theta}] + C[\dot{\theta}^2] + G(\theta) \qquad (3\text{-}45)$$

其中，$\dot{\theta}$ 在前后两个分段轨迹上分别按照式（3-2）和式（3-8）进行计算；$\ddot{\theta}$ 在前后两个分段轨迹上分别按照式（3-3）和式（3-9）进行计算。对于第 i 个周期 $[0 \leqslant t_i \leqslant (t_1 + t_2) / T]$，

当 $0 \leqslant t_i \leqslant t_1 / T$ 时

$$\dot{\theta}(t_i) = a_{j, i_1} + 2a_{j, i_2} t_i + 3a_{j, i_3} t_i^2 + 4a_{j, i_4} t_i^3 \qquad (3\text{-}46)$$

$$\ddot{\theta}(t) = 2a_{j, i_2} + 6a_{j, i_3} t_i + 12a_{j, i_4} t_i^2 \qquad (3\text{-}47)$$

当 $t_1 / T \leqslant t_i \leqslant t_2 / T$ 时

$$\dot{\theta}(t_i) = b_{j, i_1} + 2b_{j, i_2} t_i + 3b_{j, i_3} t_i^2 + 4b_{j, i_4} t_i^3 + 5b_{j, i_5} t_i^4 \qquad (3\text{-}48)$$

$$\ddot{\theta}(t) = 2b_{j, i_2} + 6b_{j, i_3} t_i + 12b_{j, i_4} t_i^2 + 20b_{j, i5} t_i^3 \qquad (3\text{-}49)$$

对每个控制时间周期计算一次关节转矩，转矩超限为 f_{to}。第 i 个周期的第 j 个关节转矩表示为 $\tau_{i, j}$，第 j 个关节的转矩极限为 $\hat{\tau}_j$，则转矩超限为

$$f_{to} = \sum_{i=0}^{\frac{t_1}{T} + \frac{t_2}{T}} \sum_{j=1}^{6} (|\tau_{i, j} - \hat{\tau}_j|) (\tau_{i, j} > \hat{\tau}_j) \qquad (3\text{-}50)$$

3.4.5 关节角增量之和计算

关节角总变化量 f_q 是六个关节在每个周期与上一个周期关节角度之差的绝对值的累加。其计算公式为

$$f_q = \sum_{i=0}^{\frac{t_1}{T} + \frac{t_2}{T}} \sum_{j=1}^{6} (|\theta_{i, j} - \theta_{i-1, j}|) \qquad (3\text{-}51)$$

式中，$\theta_{i, j}$ 是第 i 个周期中第 j 个关节的角度值。对于第 i 个周期 $[0 \leqslant t_i \leqslant (t_1 + t_2) / T]$，当 $0 \leqslant t_i \leqslant t_1 / T$ 时，有

$$\theta(t_i) = a_{j, i_0} + a_{j, i_1} t_i + a_{j, i_2} t_i^2 + a_{j, i_3} t_i^3 + a_{j, i_4} t_i^4 \qquad (3\text{-}52)$$

当 $t_1 / T \leqslant t_i \leqslant t_2 / T$ 时，有

$$\theta(t_i) = b_{j, i_0} + b_{j, i_1} t_i + b_{j, i_2} t_i^2 + b_{j, i_3} t_i^3 + b_{j, i_4} t_i^4 + b_{j, i_5} t_i^5 \qquad (3\text{-}53)$$

3.4.6 干涉检验

首先对机械臂系统及其工作环境进行建模，应用本书 5.2.3 节中的干涉检验方法，进行干涉检验判断。对整个轨迹过程 $0 \leqslant t_i \leqslant (t_1 + t_2) / T$，逐一判断干涉碰撞状态。如果轨迹中存在干涉点，则定义 $f_{ob} = 0$，否则 $f_{ob} = 1$。

f_{ob} 作为适应度指标函数的分子，如果轨迹存在干涉，则 $f_{ob} = 0$，即适应度

指标等于 0，那么，其对应的参数必然会在遗传算法优化过程中被淘汰。

3.4.7　遗传规则

遗传算法的遗传规则主要是指选择、交叉、变异三个计算过程的计算处理方法。遗传规则的确立与得到最优解的计算效率直接相关。本书借助遗传算法对关节空间多目标优化样条模型进行求解，不深入探讨遗传规则对求解速度和陷入局部最优的改进。

首先定义遗传规则三个主要过程的功能目标。"选择"过程包含两个步骤：首先是对种群中的所有适应度指标进行筛选，删除适应度指标为零的样本，如果剩余样本量少于原样本量的 75%，则表明有效样本对求解空间的覆盖率不够，不再进行下面的遗传算法计算，而是直接通过 RRT 方法继续搜索有效解，补充空缺样本。当剩余样本量大于或等于原样本数的 75% 时，首先考察本次迭代与之前的 9 次迭代的适应度指标的差值是否都小于 $n\%$，n 是根据经验进行设定的。当迭代次数不足 10 次时，不进行比较。如果连续 10 次迭代之间的适应度指标函数变化较大，则说明遗传算法仍然在进行有效优化。当 10 次迭代之间的适应度指标变化小于 $n\%$ 时，表明适应度指标趋于稳定，遗传算法种群样本趋同，接近最优解。此时，可以选择最优适应度指标对应的参数作为此次迭代的最优解。遗传规则流程图如图 3-8 所示。

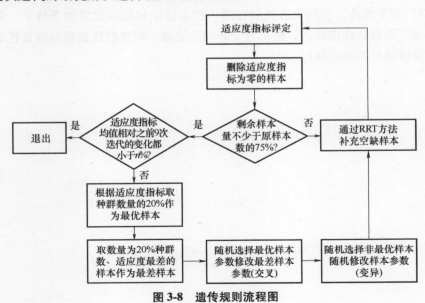

图 3-8　遗传规则流程图

3.5　本章小结

　　本章针对已知机械臂目的位置的情况下，机械臂中间运动过程的非确定性，提出并实现了在关节空间内基于遗传算法的轨迹避障方法，同时优化了系统的动力学性能，最终得到了一条速度和加速度连续，关节转矩不超过机器人关节转矩极限，关节和末端运动行程较短、运动时间较短，并且能够使整个机械臂成功避开障碍的理想轨迹。该算法经过反复验证，稳定可靠、计算效率较高。

　　需要说明的是：

　　1）通过遗传算法计算的机器人轨迹并不一定是最优解，但却是满足各项约束条件的最优解附近众多解中的某一个解。为了能够得到最优解，可以增加最初的种群数量、增加遗传算法的迭代次数，改善遗传算法中基因交叉和变异的方式等，但对于轨迹规划过程来说，牺牲计算时间力求得到唯一最优解的意义不大。

　　2）理论上，该算法能够推广到任意自由度机器人的运动过程非确定性轨迹规划，但是随着自由度的增加，遗传算法的待求解参数增加，干涉检验的计算成本提高，计算时间也将随之增加。

　　3）基于遗传算法的轨迹规划在同一初始情况和初始设置的条件下，每次计算都可以得到性能相近，但不完全相同的轨迹。但这些轨迹都是满足性能要求的能够避开障碍的轨迹。

第4章

机器人运动与传感误差轨迹规划评估

4.1 引言

由于机器人系统受控制模型的偏差、外部扰动、位置、速度传感器误差等过程噪声和观测噪声的非确定性影响,机器人会偏离原有轨迹。这种轨迹偏离在确定性很强的机器人传感与控制系统,如带有高精度光栅的工业机床数控系统中体现得并不明显。但对于确定性较弱的控制系统,如视觉导航的自主移动小车、惯性制导的无人机、末端精度要求较高的机械臂系统等,由于传感器观测误差和控制过程误差的影响,机器人并不能保证完全精确地跟踪预定轨迹,而是在沿轨迹行走的每一时刻都存在偏离轨迹的概率。当假定系统观测误差和控制过程误差都服从高斯分布时,偏离预定轨迹的偏移量也服从高斯分布。这种误差服从高斯分布的机器人非确定性运动,在本书中简称为高斯运动。

由于观测误差和系统过程误差都限定在一个范围内,因此,机器人的运动偏差范围也会在一个可估计的区间内。从概率的角度考虑,当机器人重复地走一条预定义轨迹时,由于噪声的随机性,机器人每次走的实际轨迹并不相同,但所有轨迹都会近似地以预定义轨迹为期望,在一定方差范围的区间内服从高斯分布。因此,尽管机器人在轨迹预定义阶段进行了避障规划,但并不能保证实际运动可以完全避开障碍,这种与障碍碰撞的概率需要进行量化计算,作为机器人高斯运动安全性分析的基础。

目前,机器人系统的轨迹规划方法研究大多是基于系统的确定性假设。在机器人非确定性研究方面,目前国外的研究成果可以分为侧重于规划的方法和侧重于控制修正的方法两种情况。侧重于规划的方法将系统非确定性加入随机扩展树的节点生成过程,每生成一个新的节点,就用蒙特卡洛法检验新生节点的方差概率,进行轨迹规划。侧重于控制修正的方法是在机器人控制系统中,将 LQR 控制与卡尔曼滤波相结合，采用滚动时域的方法降低机器人系统运动偏差。

本章采用概率论的方法，在机器人模型线性化的基础上，应用 LQR 线性控制与观测传感器卡尔曼滤波相结合，对机器人沿预定轨迹运动的误差概率进行先验估计。将预定义轨迹上的点作为概率期望，其可能误差用协方差表示。对每条轨迹的运动过程进行基于协方差的误差概率迭代，得到整条轨迹的误差概率估计。将系统由于运动误差和传感误差所带来的非确定性进行量化和基于图形的显性化表达，并在此基础上进一步研究碰撞概率和到达目的点范围的概率。

4.2　机器人非确定性模型

以一个末端反馈的机械臂系统为例，采用视觉系统测量机械臂末端位置和姿态。机械臂各关节在码盘精度、受力承载变形、电动机驱动误差的影响下存在运动误差。另外，视觉反馈系统也会由于视觉标定、图像像素和被测对象的运动而造成测量反馈误差。实际上，由于运动和传感误差的影响因素较多且存在随机性，很难对其进行精确描述。因此，采用自然界中分布最为广泛的高斯分布对运动和传感误差进行描述。

4.2.1　机器人运动非确定性模型

机器人关节的典型运动控制模式如图 4-1 所示，按照控制器向驱动器发送指令的类型分为位置控制模式、速度控制模式和转矩控制模式。其中，转矩控制模式是对运动轴关节转矩进行精确控制，在工业中的典型应用包括纺织设备、造纸行业等，通过对转矩的精确控制来保证纸张、布匹等缠绕的松紧度。在机器人领域，转矩控制用于关节转矩和末端施加力的动力学应用与研究。大多数机器人系统都采用位置控制模式和速度控制模式。位置控制模式常用于点到点的轨迹控制，直接给定目标点位置，由伺服控制器对单轴的加减速和运动进行计算，对轨迹中间过程没有要求。机械臂通常采用速度控制模式，以精确控制关节在各时间周期内的运动。

包括机器人、数控机床在内的计算机控制系统，都采用以微小时间片为中断控制周期的数字离散化控制方式。每个中断周期，控制器要进行系统反馈的读取和系统输入的更新。工业机器人，如 KUKA 系统的中断周期为 12~15ms。

假设轨迹规划算法得到的机器人预定义轨迹为 $\chi = \{x_1^*, x_2^*, \cdots, x_i^*, \cdots, x_n^*\}$。其中，$x_i^*$ 是机械臂在第 i 个周期中的位置矢量。在速度控制模式下，每

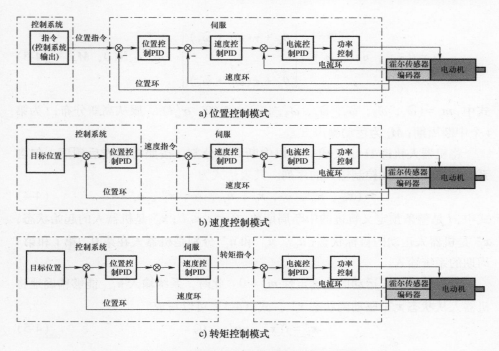

a) 位置控制模式

b) 速度控制模式

c) 转矩控制模式

图 4-1　机器人关节的典型运动控制模式

个控制周期给定的指令是下一个周期的理想速度。第 i 个周期的指令为

$$u_i = \frac{x_{i+1}^* - x_i^*}{\tau} \tag{4-1}$$

式中，τ 为机器人系统中断控制周期；u_i 为系统输入。理想情况下，机器人在第 i 个控制周期接收到第 $i+1$ 个周期的运动指令，在第 $i+1$ 个周期中，从在第 i 个周期的系统状态矢量 x_i^* 以速度 u_i 运动一个中断控制周期的时间 τ，到达系统状态矢量 x_{i+1}^*。该过程可以表示为

$$x_{i+1}^* = x_i^* + u_i * \tau \tag{4-2}$$

对于六自由度机械臂，x_i^* 为第 i 个周期的关节角度矢量，$x_i^* = [\theta_1, \theta_2, \theta_3, \theta_4, \theta_5, \theta_6]$。输入 u_i 为关节指令输入，在速度控制模式下是关节角速度指令，$u_i = [\omega_1, \omega_2, \omega_3, \omega_4, \omega_5, \omega_6]$。实际工况下，机械臂关节运动速度不完全等于指令速度，两者之间存在运动误差。设运动误差 $m = [\widetilde{\omega}_1, \widetilde{\omega}_2, \widetilde{\omega}_3, \widetilde{\omega}_4, \widetilde{\omega}_5, \widetilde{\omega}_6]$，则将式（4-2）写成函数的形式，可以表示为下个周期的系统状态是当前系统关节角度、指令速度、运动误差和中断控制周期的函数

$$x_t = f(x_{t-1}, u_{t-1}, m_t) = \begin{bmatrix} \theta_1 + \tau(\omega_1 + \widetilde{\omega}_1) \\ \vdots \\ \theta_6 + \tau(\omega_6 + \widetilde{\omega}_6) \end{bmatrix}, m_t \sim N(0, M_t) \quad (4\text{-}3)$$

式中，$m_t = (\widetilde{\omega}_1, \widetilde{\omega}_2, \widetilde{\omega}_3, \widetilde{\omega}_4, \widetilde{\omega}_5, \widetilde{\omega}_6) \sim N(0, \sigma_\omega^2 I)$，服从高斯分布；$t$ 为第 t 个中断周期；M_t 为运动噪声方差。

将机器人轨迹 Π 定义成一个以中断周期分割，按照时间先后顺序，包含系统预定义状态和控制输入的序列。其表达式为

$$\Pi = (x_0^*, u_0^*, \cdots, x_t^*, u_t^*, \cdots, x_l^*, u_l^*) \quad (4\text{-}4)$$

式中，l 是整条预定义轨迹的中断周期数，$0 \leq t \leq l$；x_0^* 是机器人的起始状态，x_l^* 是机器人运动的目标状态；u_0^*、u_t^* 和 u_l^* 分别是机器人在第 0、第 t 和第 l 周期的系统输入。

理想状态下，运动的非确定性 $m_t = 0$。此时，系统输入 u_{t-1}^* 能够精确地将机器人从状态 x_{t-1}^* 驱动到状态 x_t^*。式（4-3）可以写成

$$x_t^* = f(x_{t-1}^*, u_{t-1}^*, 0) \quad (4\text{-}5)$$

4.2.2 机器人传感非确定性模型

以用外部视觉相机测量机械臂末端位姿，进行机械臂末端闭环控制为例。机器人外部传感定位示意图如图 4-2 所示。以机械臂基座位置为中心建立整个系统的笛卡儿坐标系 T_0。机械臂末端位姿在基座笛卡儿坐标系中为 T_e，变换矩阵为 ${}_0^eT$。如 4.2.1 节中所述，由于机械臂关节运动存在误差，机械臂末端位姿 T_e 根据机械臂运动学计算时存在一定的非确定性。为了更加准确地确定机械臂末端位姿 T_e，引入外部视觉相机对机械臂末端位姿进行测量。在笛卡儿坐标系中，视觉相机的位姿为 T_c，两者之间的变换矩阵为 ${}_0^cT$。相机与基座坐标系的位姿关系已知，在视觉相机坐标系中，机械臂末端位姿为 ${}_c^eT$。因此，通过测量可得到机械臂在笛卡儿坐标系中的末端位姿 T_e

$$T_e = T_c \cdot {}_c^eT \quad (4\text{-}6)$$

反之可得

$${}_c^eT = T_c^{-1} \cdot T_e = T_c^{-1} \cdot FK(x_t) \quad (4\text{-}7)$$

式中，x_t 是 t 时刻的系统状态；$FK(\cdot)$ 是机器人运动学方法。由式（4-7）可知，T_c 是一个固定值，外部传感器对机械臂末端的测量值 ${}_c^eT$ 是系统状态 x_t 的函数。

当通过外部传感器对轨迹执行过程中的系统状态进行测量时，测量值仅与

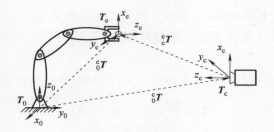

图 4-2　机器人外部传感定位示意图

系统状态和测量误差相关。因此，观测模型将测量值定义成系统状态和测量误差的函数

$$z_t = h(x_t,\ n_t)\ ,\qquad\qquad n_t \sim N(0,\ N_t) \qquad\qquad (4\text{-}8)$$

式中，x_t 是第 t 个周期下的系统状态；n_t 是第 t 个周期中方差为 N_t 的测量噪声；z_t 是系统状态 x_t 下，受到随机测量误差 n_t 作用的测量值；h 是系统状态空间和测量坐标空间之间的映射关系。理想状态下，测量的非确定性因素 $n_t = 0$，没有误差和噪声的理想测量值为

$$z_0^* = h(x_t^*,\ 0) \qquad\qquad (4\text{-}9)$$

4.2.3　模型线性化表示

在控制系统中，为了与离散化的控制周期中断式控制方式相契合，所有的计算都要进行线性化表达。为了模拟数字化的离散控制系统，对系统模型式（4-3）、式（4-8）应用一阶 Taylor 展开。Taylor 展开是将一个在 $x = x_0$ 处具有 n 阶导数的函数 $f(x)$ 利用关于 $(x - x_0)$ 的 n 次多项式进行逼近的方法。由于系统模型式（4-3）有三个变量参数 x_t、u_t 和 m_t，因此采用三元 Taylor 展开，理论上

$$
\begin{aligned}
f(x + \Delta x,\ y + \Delta y,\ z + \Delta z) &= \sum_{i=0}^{\infty} \frac{1}{i!}\left(\Delta x \frac{\partial}{\partial x} + \Delta y \frac{\partial}{\partial y} + \Delta z \frac{\partial}{\partial z}\right)^i f(x,\ y,\ z) \\
&= f(x,\ y,\ z) + \frac{1}{1!}\left(\Delta x \frac{\partial}{\partial x} + \Delta y \frac{\partial}{\partial y} + \Delta z \frac{\partial}{\partial z}\right) \\
&\quad f(x,\ y,\ z) + \frac{1}{2!}\left(\Delta x \frac{\partial}{\partial x} + \Delta y \frac{\partial}{\partial y} + \Delta z \frac{\partial}{\partial z}\right)^2 \\
&\quad f(x,\ y,\ z) + \frac{1}{3!}\left(\Delta x \frac{\partial}{\partial x} + \Delta y \frac{\partial}{\partial y} + \Delta z \frac{\partial}{\partial z}\right)^3 \\
&\quad f(x,\ y,\ z) + \cdots \\
&= f(x,\ y,\ z) + \Delta x \frac{\partial f}{\partial x} + \Delta y \frac{\partial f}{\partial y} + \Delta z \frac{\partial f}{\partial z} \qquad (4\text{-}10)
\end{aligned}
$$

对式（4-3）中的参数 x_{t-1} 和 u_{t-1} 在预定义轨迹点（x_{t-1}^*，u_{t-1}^*）处进行线性化。误差 m_t 服从期望为 0、方差为 M_t 的正态分布，因此在 $m_t = 0$ 处展开，则

$$x_t = f(x_{t-1}^*，u_{t-1}^*，0) + A_t(x_{t-1} - x_{t-1}^*) + B_t(u_{t-1} - u_{t-1}^*) + V_t m_t \quad (4\text{-}11)$$

$$A_t = \frac{\partial f}{\partial x}(x_{t-1}^*，u_{t-1}^*，0) \quad (4\text{-}12)$$

$$B_t = \frac{\partial f}{\partial u}(x_{t-1}^*，u_{t-1}^*，0) \quad (4\text{-}13)$$

$$V_t = \frac{\partial f}{\partial m}(x_{t-1}^*，u_{t-1}^*，0) \quad (4\text{-}14)$$

式（4-8）是二元函数，采用二元 Taylor 展开

$$
\begin{aligned}
f(x + \Delta x，y + \Delta y) &= \sum_{i=0}^{\infty} \frac{1}{i!}\left(\Delta x \frac{\partial}{\partial x} + \Delta y \frac{\partial}{\partial y}\right)^i f(x，y) \\
&= f(x,y) + \frac{1}{1!}\left(\Delta x \frac{\partial}{\partial x} + \Delta y \frac{\partial}{\partial y}\right)f(x，y) + \\
&\quad \frac{1}{2!}\left(\Delta x \frac{\partial}{\partial x} + \Delta y \frac{\partial}{\partial y}\right)^2 f(x，y) + \\
&\quad \frac{1}{3!}\left(\Delta x \frac{\partial}{\partial x} + \Delta y \frac{\partial}{\partial y}\right)^3 f(x，y) + \cdots \\
&= f(x，y) + \Delta x \frac{\partial f}{\partial x} + \Delta y \frac{\partial f}{\partial y} \quad (4\text{-}15)
\end{aligned}
$$

对式（4-8）中的参数 x_t 在预定义轨迹点 x_t^* 处进行线性化。误差 n_t 服从期望为 0、方差为 N_t 的正态分布，因此在 $n_t = 0$ 处展开，则

$$z_t = h(x_t^*，0) + H_t(x_t - x_t^*) + W_t n_t \quad (4\text{-}16)$$

$$H_t = \frac{\partial h}{\partial x}(x_t^*，0) \quad (4\text{-}17)$$

$$W_t = \frac{\partial h}{\partial n}(x_t^*，0) \quad (4\text{-}18)$$

将式（4-5）和式（4-8）代入式（4-11）和式（4-16）可得

$$\bar{x}_t = A_t \bar{x}_{t-1} + B_t \bar{u}_{t-1} + V_t m_t \qquad m_t \sim \mathrm{N}(0，M_t) \quad (4\text{-}19)$$

$$\bar{z}_t = H_t \bar{x}_t + W_t n_t \qquad n_t \sim \mathrm{N}(0，N_t) \quad (4\text{-}20)$$

$$\bar{x}_t = x_t - x_t^* \quad \bar{u}_t = u_t - u_t^* \qquad \bar{z}_t = z_t - h(x_t^*，0) \quad (4\text{-}21)$$

式中，$\bar{x}_t$ 是实际系统状态相对于预定义轨迹的偏移量；$\bar{u}_t$ 是实际输入相对于预定义轨迹的偏移量；$\bar{z}_t$ 是实际测量值相对于理想值的偏移量；A_t、B_t、V_t、H_t 和

W_t 都是矩阵系数; $\tilde{x}_t$、$\bar{u}_t$ 是矢量参数。

4.3　先验概率估计

4.3.1　卡尔曼滤波估计

机器人系统根据规划轨迹运动时,系统存在运动误差。传感器对系统位置进行测量时则存在测量误差。理论上,当机器人的运动误差和传感误差范围固定,也就是说,表达机器人非确定性的正态分布方差是定值时,机器人在整条轨迹运动过程中的运动误差应该会控制在一个固定范围内,并保持误差区间不变。

在实际工况下,机器人的外部传感器由于机器人运动的影响,包括传感距离的改变、是否在可行测量范围内等,机器人的传感非确定性是动态变化的。虽然机器人单个自由度的运动误差方差一定,但在机器人的不同状态下,最终合成运动的误差方差是变化的。在机器人运动和反馈都存在非确定性的情况下,为了得到对机器人位置的最优估计,并同时计算整个运动过程中误差方差的变化,应用贝叶斯理论对系统状态进行迭代估计。

在线性化系统中,扩展卡尔曼滤波方法计算简单、实用性强,应用最为广泛。每个控制周期都进行一次机器人状态估计和机器人传感反馈的数据融合。它分为"估计"和"校正"两个过程:"估计"是根据上个周期系统的最终状态和本周期的输入指令对本周期系统的状态进行预估;"校正"是依据反馈值对"估计"过程中得到的本周期系统状态的预估值进行修正,得到本周期的最优估计。

估计过程可以描述为

$$\tilde{x}_t^- = A_t \, \tilde{x}_{t-1} + B_t \, \bar{u}_{t-1} \tag{4-22}$$

$$P_t^- = A_t \, P_{t-1} \, A_t^T + V_t \, M_t \, V_t^T \tag{4-23}$$

式中, $\tilde{x}_t^-$ 是时间周期为 t 时的 n 维系统状态的初始估计, $\tilde{x}_t^- \in R^n$; $\tilde{x}_{t-1}$ 是上一个周期系统状态的最优估计; $\bar{u}_{t-1}$ 是上一个周期控制系统发出的本周期机器人需要执行的 m 维系统输入, $\bar{u}_{t-1} \in R^m$; A_t 是式 (4-12) 中的系统导数矩阵,表征系统动态特性, $A_t \in R^{n\times n}$; B_t 是式 (4-13) 中的输入导数矩阵,描述输入对系统动态特性的影响, $B_t \in R^{n\times m}$; P_{t-1} 是上一周期机器人系统状态误差最优估计的方差矩阵, $P_{t-1} \in R^{n\times n}$; V_t 是式 (4-14) 的系统误差导数矩阵,表征系统误差对机器人动态特性的影响, $V_t \in R^{n\times m}$; M_t 是系统运动的误差方差, $M_t \in$

$R^{m \times m}$。式（4-23）是对系统状态误差的初始估计，其意义是当前系统状态的初始估计是通过上一个周期系统状态和两个周期之间的运动误差累积计算得到的。

校正过程可以描述为

$$K_t = P_t^- H_t^T (H_t P_t^- H_t^T + W_t N_t^- W_t^T)^{-1} \tag{4-24}$$

$$\widetilde{x}_t = \widetilde{x}_t^- + K_t (\bar{z}_t - H_t \widetilde{x}_t^-) \tag{4-25}$$

$$P_t = (I - K_t H_t) P_t^- \tag{4-26}$$

式中，H_t 是式（4-17）中的观测导数矩阵，表征系统状态参数和观测值之间的映射关系；W_t 是式（4-18）中的观测误差导数矩阵，表征观测误差对测量值影响的映射关系；K_t 是扩展卡尔曼滤波增益矩阵。式（4-24）通过机器人运动误差方差和观测误差方差进行"信任程度"的调节修正，调节系统对估计值和观测值的信任程度。式（4-25）是对系统状态的初始估计进行关于观测值的修正，得到当前系统状态的最优估计 $\widetilde{x}_t$。最终通过式（4-26）得到机器人运动误差方差的最优估计 P_t。

扩展卡尔曼滤波方法将规划轨迹和测量反馈作为系统输入，在每个机器人系统中断控制周期中进行迭代。

4.3.2 轨迹闭环修正

机器人系统在实际工作中，由于受到运动噪声和传感噪声的影响，实际系统状态会偏离预定义的理想状态。但机器人系统作为典型的闭环控制系统，系统闭环控制会通过调节下个周期的系统输入来抑制系统偏离。为了能够模拟机器人系统闭环控制对误差的修正调节过程，建立更贴近实际运动的误差变化过程的仿真，需要建立控制系统闭环反馈调节模型。

闭环系统控制方式多种多样，即使对于同一控制系统、同一种闭环反馈方法，控制参数的设定不同，其闭环调节效果也不尽相同。因此，在对轨迹闭环修正进行建模时，不针对其中某一种特定方法进行建模分析，而是根据闭环反馈系统共性的目标，对反馈、修正过程进行定性的模拟。

闭环反馈的目的是使实际轨迹与预定义轨迹之间的偏移量最小。轨迹偏离的代价函数可以写成

$$min \left(\sum_{t=0}^{l} (\bar{x}_t^T C \, \bar{x}_t + \bar{u}_t^T D \, \bar{u}_t) \right) \tag{4-27}$$

$$C = \alpha \cdot I \tag{4-28}$$

$$D = \beta \cdot I \tag{4-29}$$

式中，I 是单位矩阵；α，$\beta \in N^*$，是两个正整数，分别定义系统状态和输入的权重系数。在对轨迹进行闭环控制时，如果希望优先减小轨迹位置误差，则权重系数 α 应该设定为一个较大的值，反之亦然。

式（4-27）是一个典型的线性二次型调节器（LQR）的控制问题。线性二次型的最优解可以写成统一的解析表达式和实现求解过程的规范化，并可简单地采用状态线性反馈控制律构成闭环最优控制系统，能够兼顾系统状态和输入指标。其求解过程可以表示为

$$\bar{u}_t = L_t \widetilde{x}_t \tag{4-30}$$

式中，$\widetilde{x}_t$ 是式（4-25）中的系统状态最优估计；L_t 是通过将整个 l 个控制周期的轨迹过程从最后第 l 个控制周期向初始控制周期逆向推导的反馈矩阵，$t \in (0, l)$。L_t 可以计算为

$$S_l = C \tag{4-31}$$

$$L_t = -(B_{t+1}^T S_{t+1} B_{t+1} + D)^{-1} B_{t+1}^T S_{t+1} A_{t+1} \tag{4-32}$$

$$S_t = A_{t+1}^T S_{t+1} B_{t+1} L_t + A_{t+1}^T S_{t+1} A_{t+1} + C \tag{4-33}$$

4.3.3　轨迹非确定性估计

由式（4-31）~式（4-33）可知，对于 $t \in (0, \cdots, l-1)$ 的已知轨迹，矩阵 L_t 可以提前计算得到。计算方法是从 $t = l$ 向 $t = 0$ 逆向递推。将式（4-25）代入式（4-30）可得矩阵递推表达式为

$$\begin{bmatrix} x_t \\ u_t \end{bmatrix} = \begin{bmatrix} I & 0 \\ 0 & L_t \end{bmatrix} \begin{bmatrix} \bar{x}_t \\ \widetilde{x}_t \end{bmatrix} + \begin{bmatrix} x_t^* \\ u_t^* \end{bmatrix} \tag{4-34}$$

$$\begin{bmatrix} x_t \\ u_t \end{bmatrix} \sim N\left(\begin{bmatrix} x_t^* \\ u_t^* \end{bmatrix}, \; \kappa_t R_t \kappa_t^T \right) \tag{4-35}$$

$$\kappa_t = \begin{bmatrix} I & 0 \\ 0 & L_t \end{bmatrix} \tag{4-36}$$

式中，R_t 是 $[\bar{x}_t \quad \widetilde{x}_t]^T$ 的方差。式（4-35）给出了系统状态 x_t 和控制输入 u_t 的先验概率分布。如果方差 R_t 已知，则可以通过式（4-34）~式（4-36）对整个轨迹过程的各中断周期内的系统状态进行估计。

将式（4-22）写成矩阵形式

$$\begin{bmatrix} \bar{x}_t \\ \widetilde{x}_t \end{bmatrix} = \begin{bmatrix} A_t & B_t L_{t-1} \\ K_t H_t A_t & A_t + B_t L_{t-1} - K_t H_t A_t \end{bmatrix} \begin{bmatrix} \bar{x}_{t-1} \\ \widetilde{x}_{t-1} \end{bmatrix} + \begin{bmatrix} V_t & 0 \\ K_t H_t V_t & K_t W_t \end{bmatrix} \begin{bmatrix} m_t \\ n_t \end{bmatrix}$$

$$\tag{4-37}$$

$$\begin{bmatrix} m_t \\ n_t \end{bmatrix} \sim N\left(0, \begin{bmatrix} M_t & 0 \\ 0 & N_t \end{bmatrix}\right) \tag{4-38}$$

方差 R_t 可以计算为

$$R_t = F_t\,R_{t-1}\,F_t^T + G_t\,Q_t\,G_t^T \tag{4-39}$$

$$F_t = \begin{bmatrix} A_t & B_t\,L_{t-1} \\ K_t\,H_t\,A_t & A_t + B_t\,L_{t-1} - K_t\,H_t\,A_t \end{bmatrix} \tag{4-40}$$

$$G_t = \begin{bmatrix} V_t & 0 \\ K_t\,H_t\,V_t & K_t\,W_t \end{bmatrix} \tag{4-41}$$

$$\begin{bmatrix} \bar{x}_0 \\ \widetilde{x}_0 \end{bmatrix} = \begin{bmatrix} 0 \\ 0 \end{bmatrix} \tag{4-42}$$

$$R_0 = \begin{bmatrix} P_0 & 0 \\ 0 & 0 \end{bmatrix} \tag{4-43}$$

式（4-43）中，系统状态的初始方差 P_0 可以设置为一个较大的初始值，这个初始值会随着系统状态估计迅速收敛到正常的估计值范围。

4.4 误差概率几何表示

4.4.1 方差几何化过程

通过 4.3 节的轨迹建模与估计过程迭代得到每个控制周期机器人轨迹点的正态分布方差后，可以用概率椭圆或椭球表示方差的二维或三维分布情况。以平面内二维空间的机器人运动方差为例，假设轨迹点 P_i 处的协方差矩阵为 T_i。如图 4-3 所示，图中分布着服从期望为 P_i、方差为 T_i 的正态分布随机点，每个随机点都表示一个机器人可能出现的位置。

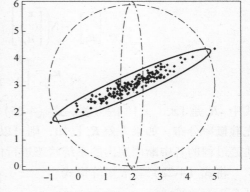

图 4-3　方差几何化示意图

为了能够将这些可能出现的概率点进行几何表示，对协方差矩阵进行特征分解，从而得到特征值 D_i 和特征矢量 V_i

$$[V_i,\ D_i] = \mathrm{Eig}(T_i) \tag{4-44}$$

式中，Eig( ) 为特征值分解函数。由标准正态分布概率表可知，随机变量在区间 [-3, 3] 中的概率为 99.95%，将其近似看作 100%。因此，圆心在 c_0 处、半径为 3 个单位长度的圆，可以近似地表示期望在 c_0 处、误差服从正态分布的所有机器人的可能位置。其实际单位与机器人位置控制的计算单位相同。概率椭圆 c_e 可由式（4-45）得到，即

$$c_e = V_i \times \text{sqrtm}(D_i) \times c_0 + P_i \tag{4-45}$$

式中，P_i 是对初始概率圆 c_0 的圆心进行平移；sqrtm（D_i）是对特征值矩阵 D_i 进行矩阵开方，分解成两个相同的矩阵，其几何意义是根据特征矢量对概率圆进行"压缩"和"拉伸"；特征矢量矩阵 V_i 是对压缩后的概率椭圆进行旋转。概率椭圆的计算变化过程如图 4-3 所示。

通过式（4-44）、式（4-45），在已知机器人轨迹位置和方差估计的情况下，能够生成一个概率椭圆，用以表示机器人在当前时间周期内的位置范围。也就是说，尽管机器人的运动由于系统和观测噪声的影响而出现了轨迹位置偏差，但机器人的位置会以极大的可能性出现在概率椭圆内，其实际概率满足正态分布概率密度函数。

空间三维概率椭球的求解和表示方法与此类似。

4.4.2　机器人方差的空间映射

在 4.2 节中，通过各关节的误差情况推导了系统状态的方差矩阵。当各关节存在运动误差时，机械臂的各连杆和关节会偏离原有的预定义轨迹。为了得到机械臂关节、末端的误差分布，需要将机器人关节空间的协方差向笛卡儿空间映射，从而得到机械臂在笛卡儿空间中的误差特性。

对于预定义的第 k 个控制周期，用 $N(p_k^i, \Sigma_k^i)$ 表示第 i 个连杆末端的高斯分布。则有

$$p_k^i = g(x_k^i) \tag{4-46}$$

$$\Sigma_k^i = J_k^i \, \aleph_k^i \, (J_k^i)^T \tag{4-47}$$

式中，p_k^i 是表征第 i 个连杆末端在第 k 个控制周期中空间位置和姿态的增广矩阵；$g(x_k^i)$ 是从机械臂基座到第 i 个连杆处的正向运动学计算；J_k^i 是 $g(x_k^i)$ 对应的雅可比矩阵；$\aleph_k^i$ 是状态空间 x_k^i 的方差，同时也是式（4-35）中 $\kappa_t R_t \kappa_t^T$ 的 i 阶子矩阵。

由式（4-47）可以确定每个关节和连杆处的非确定性，也就能够确定机械臂任意位置在笛卡儿空间中的误差分布情况。在机器人运动的任意时刻，其雅可比矩阵及其 i 阶子矩阵都是线性矩阵。当机器人关节位置误差在关节空间内

服从高斯分布时，根据笛卡儿空间与关节空间所存在的线性映射关系，机器人上任意一点在笛卡儿空间中的误差也服从高斯分布。根据 4.4.1 节所述理论，可以将被映射到笛卡儿空间中的协方差矩阵 $\boldsymbol{\Sigma}_k^i$ 进行三维空间中的几何表达。

首先，取 $\boldsymbol{\Sigma}_k^i$ 的前三阶子矩阵 $\boldsymbol{\Sigma}_{3,k}^i$，$\boldsymbol{\Sigma}_{3,k}^i$ 对应于笛卡儿空间位置坐标 $[x, y, z]$ 的方差子矩阵。基于式（4-45）的特征值分解，可以得到特征值 $\boldsymbol{V}_k^i$ 和特征矢量 $\boldsymbol{D}_k^i$

$$[\boldsymbol{V}_k^i, \boldsymbol{D}_k^i] = \mathrm{Eig}(\boldsymbol{\Sigma}_{3,k}^i) \tag{4-48}$$

因此，第 i 个连杆末端位置的估计 $\boldsymbol{E}s_k^i$ 可以用期望为 $\boldsymbol{P}_k^i$、方差为 $\boldsymbol{\Sigma}_{3,k}^i$ 的概率分布表示

$$\boldsymbol{E}s_k^i = \boldsymbol{V}_k^i \cdot \mathrm{Sqrtm}(\boldsymbol{D}_k^i) \cdot \boldsymbol{S}_0 + \boldsymbol{P}_k^i \tag{4-49}$$

式中，$\boldsymbol{S}_0$ 是坐标位于原点、半径为 3 个单位长度的标准球。式（4-49）的演变过程如图 4-4 所示。

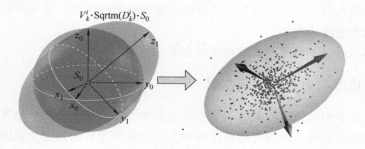

图 4-4　机器人方差空间椭球

4.5　轨迹成功概率评估

4.5.1　机器人三维碰撞定性评估

由 4.4 节可知，当机器人存在运动误差时，其在轨迹运动的某个位置，连杆两端运动的方差及其对应的椭球表示可以确定。两端的椭球大小不一定相等，其长短轴的方向也不一定相同。事实上，通过 4.4.2 节中的方法，只要确定机器人上的某点位置，求得其雅可比矩阵，就能够对其运动过程的高斯分布进行求解。也就是说，机械臂上任一点的高斯分布都可以估计得到。但是，对于机械臂等机器人，要得到所有点的高斯分布，其计算量过大。

为了简化计算和评估过程，采用一种比较保守的方法，根据概率论 3σ 原则，选择机器人两端误差椭球中最长轴 3 倍的距离作为最大包络半径，以此定为机器人连杆在误差非确定影响下的安全距离。方差椭球与安全距离如图 4-5 所示，设连杆起始端方差椭球三个轴的长度分别为 D_1^{i-1}、D_2^{i-1}、D_3^{i-1}，另一端方差椭球三个轴的长度分别为 D_1^i、D_2^i、D_3^i。其中，D_1^i 是连杆两端椭球中最大的轴长，

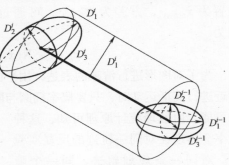

图 4-5 方差椭球与安全距离

则可以定性地将 D_1^i 作为连杆的安全距离，如果机器人在运动过程中与障碍之间的距离 $d_{obs} > D_1^i$，则可以认为机器人在运动与传感非确定性影响下依然是安全的；反之，则认为机器人与环境存在碰撞的可能。

在数学计算中，对于通过式（4-48）得到的特征矢量矩阵 D_k^i，连接第 i 和第 $i+1$ 个连杆两端的最大安全距离 $R_{\max k}^{\ i}$ 可记为

$$R_{\max k}^{\ i} = 3 \cdot \max(D_k^i(1,1)，D_k^i(2,2)，D_k^i(3,3)，D_k^{i-1}(1,1)，$$
$$D_k^{i-1}(2,2)，D_k^{i-1}(3,3)) \tag{4-50}$$

式中，$D_k^i(j,j)$ 是矩阵 D_k^i 的第 j 个对角元素。如果要对连杆安全性做定性分析，通过 2.6 节所述方法计算连杆与环境之间的最短距离 $d_{\min k}^{\ i}$，如果

$$d_{\min k}^{\ i} > R_{\max k}^{\ i} \tag{4-51}$$

则可以认定机器人连杆在运动和传感误差非确定性影响下依然安全。

4.5.2 机器人碰撞概率定量计算

根据上述分析和讨论，当机械臂运动和传感都存在非确定性时，机械臂末端误差分布在二维运动中可以用椭圆表示，在三维空间运动中可以用椭球表示。当机器人以预定义轨迹运动时，如果其误差椭圆或椭球与环境障碍发生干涉，则可以认为机器人与环境之间存在碰撞的可能。虽然机器人运动误差和传感误差是随机的，但由于机器人重复地按照预定义轨迹运动，因此其与障碍之间的碰撞概率应该是一个确定的值。这个概率值与机器人运动和传感误差的分布有关。为了确定碰撞概率，需要对机器人在非确定性因素影响下的安全性进行定量评估，将在二维空间内以椭圆图形表征和三维空间内以椭球形状表征的空间误差与概率论高斯分布进行矢量映射，通过一维空间的高斯分布进行概率评估。

假定机器人在某时刻、某位置 $x_{t|t-1}$ 处的期望为 $\hat{x}_{k|k-1}$，即预定义轨迹位置为 $\hat{x}_{k|k-1}$，方差为 $P_{k|k-1}$，可通过 4.3 节所述方法计算得到其概率分布为

$$x_{t|t-1} \sim N(\hat{x}_{k|k-1}, P_{k|k-1}) \tag{4-52}$$

为了对图形进行清晰的表达，用平面二维分布进行表述。当机器人在障碍附近进行高斯运动时，只要概率椭圆与障碍相交，机器人便有与障碍发生碰撞的可能。由数理统计原理可知，这种概率会体现在对同一轨迹的反复实验中。对同一条规划轨迹、同一个障碍、同一个控制周期，多次实验后有时会发生碰撞，有时则不会，当实验样本趋于无穷大时，碰撞次数与总实验次数之比会无限接近某一概率值，这个概率值的计算方法如图 4-6 所示。

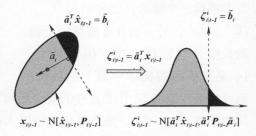

图 4-6　方差椭圆碰撞概率值计算

用局部线性化方法表达障碍，距离机器人最优估计位置 $\hat{x}_{k|k-1}$ 最近的障碍点到机器人最优估计位置 $\hat{x}_{k|k-1}$ 的矢量用 $\tilde{a}_i$ 表示。距离机器人最优估计位置最近的障碍点处的线性表达式为

$$\tilde{a}_i^T \hat{x}_{k|k-1} = \tilde{b}_i \tag{4-53}$$

如图 4-6 所示，为了将二维概率椭圆（或三维概率椭球）投射到一维空间进行正态分布概率计算，采用垂直于矢量 $\tilde{a}_i$ 的平面，对分布为 $x_{k|k-1} \sim N(\hat{x}_{k|k-1}, P_{k|k-1})$ 的概率椭圆（或椭球）进行剖分，并向一维空间投射得到 $\zeta \sim N(\tilde{a}_i^T \hat{x}_{k|k-1}, \tilde{a}_i^T P_{k|k-1} \tilde{a}_i)$ 的正态分布，从而在一维空间下，进行正态分布的碰撞概率值计算。在机器人每个控制周期内，无须通过几何方法计算概率椭圆（椭球）与障碍发生碰撞的干涉面积，因为概率椭球内的概率分布并不是均匀的，面积的计算毫无意义。只要能够得到距离障碍最近的点，便能够通过投射后的一维正态分布计算碰撞概率值。

由于机器人的运动是多个控制周期内的连续运动，每个控制周期都有与障碍发生碰撞的概率。最终机器人轨迹的成功概率是每个周期机器人无碰撞概率的阶乘，如式（4-54）所示。当机器人在一个控制周期内没有与障碍发生碰撞时，可以进一步计算其后验概率，也就是在同样的样本空间内，本周期不发生碰撞的最优估计样本位置和概率。即在假设没有发生碰撞的情况下，计算机器人最可能的位置（期望）及其分布情况（方差）

$$p_{\text{suc}} = p(\wedge_{k=0}^{l} \boldsymbol{x}_k \in X_s) = \prod_{k=0}^{l} p \ (\boldsymbol{x}_{k|k-1} \in X_s) \tag{4-54}$$

式中，p_{suc} 是最终机器人通过高斯运动成功到达目的点的概率；X_s 是机器人避开障碍的安全状态空间。

由概率统计可知，如图 4-7 所示，去除机器人碰撞位置的样本所形成的新的正态分布函数及概率椭圆的期望和方差可由式（4-55）~ 式（4-60）计算。

$$\mu_i = \widetilde{\boldsymbol{a}}_i^T \hat{\boldsymbol{x}}_{k|k-1} + \lambda(\alpha_i) \sqrt{\widetilde{\boldsymbol{a}}_i^T \boldsymbol{P}_{k|k-1} \widetilde{\boldsymbol{a}}_i} \tag{4-55}$$

$$\sigma_i^2 = \widetilde{\boldsymbol{a}}_i^T \boldsymbol{P}_{k|k-1} \widetilde{\boldsymbol{a}}_i [1 - \lambda(\alpha_i)^2 + \alpha_i \lambda(\alpha_i)] \tag{4-56}$$

$$\alpha_i = \frac{(\widetilde{\boldsymbol{b}}_i - \widetilde{\boldsymbol{a}}_i^T \hat{\boldsymbol{x}}_{k|k-1})}{\sqrt{\widetilde{\boldsymbol{a}}_i^T \boldsymbol{P}_{k|k-1} \widetilde{\boldsymbol{a}}_i}} \tag{4-57}$$

$$\lambda(\alpha_i) = \frac{pdf(\alpha_i)}{cdf(\alpha_i)} \tag{4-58}$$

式中，$pdf(\alpha_i)$ 是 α_i 的标准高斯概率分布函数值；$cdf(\alpha_i)$ 是 α_i 的标准高斯累积概率分布函数值。机器人最优估计位置的期望变化量 $\Delta \boldsymbol{x}_k^i$ 及其协方差的变化量 $\Delta \boldsymbol{P}_k^i$ 分别为

$$\Delta \boldsymbol{x}_k^i = \frac{\boldsymbol{P}_{k|k-1} \widetilde{\boldsymbol{a}}_i}{\widetilde{\boldsymbol{a}}_i^T \boldsymbol{P}_{k|k-1} \widetilde{\boldsymbol{a}}_i} (\widetilde{\boldsymbol{a}}_i^T \hat{\boldsymbol{x}}_{k|k-1} - \mu_i) \tag{4-59}$$

$$\Delta \boldsymbol{P}_k^i = \frac{\boldsymbol{P}_{k|k-1} \widetilde{\boldsymbol{a}}_i}{\widetilde{\boldsymbol{a}}_i^T \boldsymbol{P}_{k|k-1} \widetilde{\boldsymbol{a}}_i} (\widetilde{\boldsymbol{a}}_i^T \boldsymbol{P}_{k|k-1} \widetilde{\boldsymbol{a}}_i - \sigma_i^2) \frac{\widetilde{\boldsymbol{a}}_i^T \boldsymbol{P}_{k|k-1}}{\widetilde{\boldsymbol{a}}_i^T \boldsymbol{P}_{k|k-1} \widetilde{\boldsymbol{a}}_i} \tag{4-60}$$

计算一条完整轨迹的避障成功概率时，对于其中某一个控制周期内概率椭圆与障碍发生干涉的情况，在计算碰撞概率之后和计算下一周期的期望和方差之前，需要计算收缩之后的概率椭圆和方差，并将其作为本周期的最优估计迭代进下一周期的运算。因为理论上，下一周期的高斯运动是建立在本周期没有发生碰撞的基础之上的。

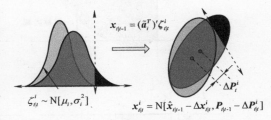

图 4-7　方差椭圆收缩计算示意图

本周期碰撞概率可以计算为

$$p(\boldsymbol{x}_{t|t-1} \in X_s) = cdf(\alpha_i) \tag{4-61}$$

4.5.3 到达目的点成功概率计算

通常情况下，在定义机器人运动的目标位置时，会给出到达目的点的允许误差，如 $x_{goal} \pm h$ ，其中 x_{goal} 是目标位置， h 是允许的误差范围，如图 4-8 所示。图中误差允许范围区域是二维平面内的矩形，为了确定矩形限定区域与机器人运动方差椭圆分布（三维空间内为椭球）之间的关系，定义矩形的四条边 L_1 、 L_2 、 L_3 和 L_4 。将方差椭圆与矩形区域之间的关系转变成方差椭圆与四条直线之间的关系。在三维空间中，机器人

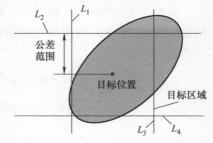

图 4-8 目标区域及误差分布关系图

运动的目标范围区域为立方体，需要计算的是立方体的六个面与空间方差椭球之间的关系。

目标位置为 x_{goal} ，假定机器人运动到达预定义轨迹末端的状态空间分布为 x_e 。机器人到达目标区域 $x_{goal} \pm h$ 的计算过程如图 4-9 所示。首先只考虑概率分布 x_e 与直线约束 L_1 方程 $a_1^T x < b_1$ 之间的碰撞概率和方差椭球缩放情况。根据式（4-59）、式（4-60）求出不与 L_1 发生干涉的机器人误差位置集合的新分布 x_e' ，并根据式（4-61）计算得到不与 L_1 发生干涉的概率为 $cdf(\alpha_1)$ 。

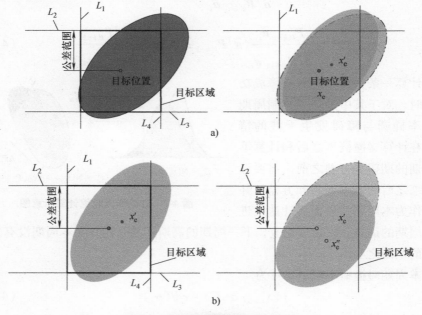

图 4-9 到达概率计算过程示意图

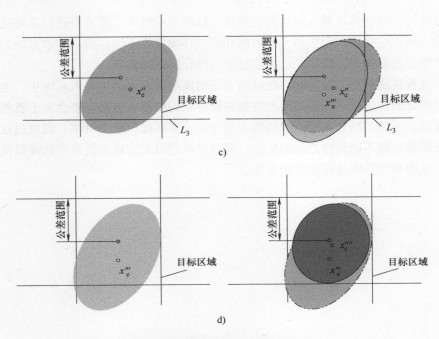

图 4-9　到达概率计算过程示意图（续）

根据得到的新的概率分布 x'_e 和约束直线 L_2 方程 $\boldsymbol{a}_2^T\boldsymbol{x} < b_2$ 计算新的分布和不发生干涉的概率 $cdf(\alpha_2)$。以此类推，得到不与约束直线 L_3 和 L_4 发生干涉的分布 x''_e 和 x'''_e，以及不发生干涉的概率 $cdf(\alpha_3)$ 和 $cdf(\alpha_4)$。因此，到达目标位置的概率计算为

$$P(\cap_0^4 x_e \in (goal\ area)) = \prod_0^4 cdf\ (\alpha_1)\ \cdot cdf\ (\alpha_2)\ \cdot cdf\ (\alpha_3)\ \cdot cdf\ (\alpha_4)$$

$$(4\text{-}62)$$

式中，α_1、α_2、α_3、α_4 是约束条件下概率分布的估计值，分别通过式（4-47）计算得到。当有更多约束直线和约束平面时，泛化的公式可写为：

$$P(\cap_0^n x_e \in (goal\ area)) = \prod_0^n cdf\ (\alpha_i) \qquad (4\text{-}63)$$

4.6　本章小结

本章提出了一种基于机器人运动非确定性和传感非确定性的轨迹规划和成功概率评估方法。这种轨迹规划方法是将机器人系统运动与传感随机误差的非确定性通过建模、概率论和几何化方法得到确定性的评估结果，能够得到机器人在笛卡儿空间中的期望和对应的方差，对机器人系统各位置的误差概率分布

进行估计，并计算机器人到达指定位置区域的成功概率。将方差进行几何化表达后，可以定性地判定机器人是否能和周围环境发生干涉碰撞。本章方法的关键特性是能够在轨迹规划阶段考虑机器人操作的成功概率。

这种轨迹规划方法能够广泛应用于任何离散化控制的机器人系统中，通过设定保守的传感误差和运动误差方差估计得到的机器人运动误差会大于机器人实际运动误差，机器人操作成功概率也会低于实际操作成功概率。但通过这种方法能够比较不同轨迹之间的优劣，可以在规划得到的诸多轨迹中选择最优轨迹，从而最大程度地保证系统安全。

第 5 章
机器人轨迹规划仿真与实验验证

5.1 引言

从 20 世纪 50 年代初以示教在线为控制手段的第一代机器人诞生，到 20 世纪 80 年代后期具备一定感觉能力和采用自适应方法的第二代离线编程机器人，机器人控制系统越来越复杂、越来越智能，数据感知手段也越来越多。为了更好地理解操作者意图、探知环境信息，满足功能多样性的需求，机器人控制系统正向开放、智能、具有良好人机交互性的第三代机器人方向发展。

机器人控制系统一般分为"硬件系统"和"软件系统"两部分。硬件系统专注于控制芯片和输入输出接口对机器人控制系统的支撑能力；软件系统则直接影响机器人系统的鲁棒性、开放性和智能性，决定了机器人系统的"感知模式"和"思维模式"，是机器人系统的核心。如何研制出一款功能完备、扩展性强、操作方便、集控制与仿真于一体的机器人系统平台，是机器人系统控制与智能轨迹规划方法研究的首要问题，也是本章阐述的主要内容。

本章考虑到机器人研究工作的特点和需求，提出了机器人运动控制与仿真平台的总体设计思想是实虚结合的功能实现、主框架支撑的模块化结构以及安全稳定的数据流调节方法；介绍了机器人运动控制与仿真平台的系统构架、编程实现方法、功能模块及研究目标；研究了机器人运动控制与仿真系统多任务、多线程情况下模块间的实时数据交换方式，机器人已知环境中的干涉检验方法等。

机器人运动控制与仿真平台的研究是本章的工作基础，其开放式体系结构能够兼容一般多自由度串联结构机器人的控制和仿真。之前章节中基于不同机器人系统的仿真和实验都是以本章开展的机器人运动控制与仿真平台的研究为依托。

5.2　机器人运动控制图形仿真平台构建

5.2.1　控制系统体系构架

1. 系统功能构成与划分

现代开放式机器人系统从功能构成上可以划分为控制、诊断以及驱动与执行三个层次，其系统功能模块划分如图 5-1 所示。与传统的经典机器人系统相比，驱动与执行系统在功能上变化不大；诊断层作为一个可选项，在控制与实际驱动之间通过实时监控机器人的指令情况及传感器的反馈情况判定机器人健康状态，诊断层的主要技术故障诊断与健康管理也逐渐成为现代信息学科的一个主要分支；控制层的变化是最为显著的，在保留了原有的基本示教功能的基础上，还额外增加了遥操作、自主避障、智能轨迹规划等功能，能够融合包括视觉子系统在内的传感设备，并能够通过力反馈、面板和虚拟增强现实技术进行有效的人机交互。

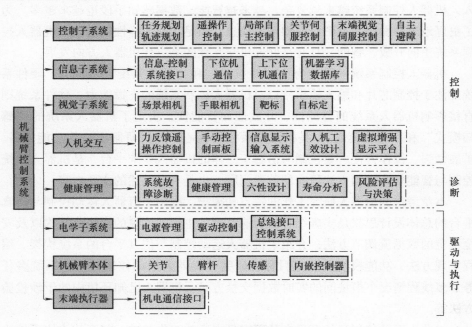

图 5-1　系统功能模块划分

作为开放式控制系统，系统具有功能和算法接口，能够实现功能扩展和针对某一功能多种算法实现的算法扩展。信息系统负责各种功能之间的稳定切换、功能模块化封装后的复杂实时通信、多线程数据访问读写操作的同步与互斥、数据库与缓冲区的安全访问等。人机交互系统通过虚拟增强现实技术，将机械臂实际状态与环境之间的关系等以三维图形的形式同步显示在屏幕上，操作者可以通过视图旋转、平移等基本操作全方位监控机械臂的工作，同时，面板、屏幕也会同步提供机械臂的量化状态信息，如关节角、速度、加速度、报警等。力反馈等交互设备能够在系统添加模块后得到输入、输出等交互信息，其关键在于在开放式控制系统的力反馈功能模块与力反馈器之间建立了有效的数据交互，使操作者能够通过触觉区分和感知机械臂末端执行器对其操作对象的操作状态和程度。以视觉系统为代表的传感系统作为机械臂感知外部环境的手段，通过以太网等标准外部接口接入机器人控制系统后，视觉伺服模块将对视觉系统得到的测量信息进行数据融合，实现对目标位置的精准判定与操作。

2. 控制系统模块结构

控制系统模块结构如图 5-2 所示，人机交互线程为系统启动后最先运行的非实时线程。人机交互线程首先调取数据库中存储的系统级参数和启动初始数据，进行系统初始化，初始化过程包括读取机械臂 DH 参数、机械臂与环境数学模型、伺服运动周期等基础控制参数，以及开辟系统缓冲区。机器人开放式运动控制与仿真系统中设计了四个缓冲区：通信缓冲区、系统缓冲区、轨迹缓冲区和数据缓冲区。完成系统初始化后，通过系统定时器启动"通信线程""主线程"和"仿真线程"三个实时线程，然后进入等待状态，等待用户操作并对报警和其他信息进行显示。

通信线程通过以太网等通信协议读取机械臂的实时状态数据，经过协议解析后存放在通信缓冲区内。系统向外发送的指令都在缓冲区队列中进行队列缓冲，每隔一个时钟周期，通信线程会将队列中最前面的指令弹出并发送出去。通信线程只与通信缓冲区相关，不参与其他线程和程序模块的运行，其他线程和程序模块需要发送数据时，不需要调用硬件接口的驱动函数，只需要将数据按照协议格式放入通信缓冲区即可。通信线程得到的外部数据在系统处于仿真状态时只在通信缓冲区保存，在实际控制状态下，通信缓冲区数据对数据缓冲区数据进行实时更新。

主线程以固定的中断周期循环运行，每个中断周期内都执行控制模式判定、系统输入、当前状态计算、运动计算和指令输出五个步骤。当操作人员选择机械臂的控制模式时，系统更改系统缓冲区内的对应参数，表征控制需求的变化。在一个中断控制周期内，系统首先根据系统缓冲区内的模式参数选择对应的程序模块指针。根据运动学、动力学方法计算系统当前状态，并根据系统输入计算在当前速度、加速度等运动限制条件下机械臂运动的期望状态。运动

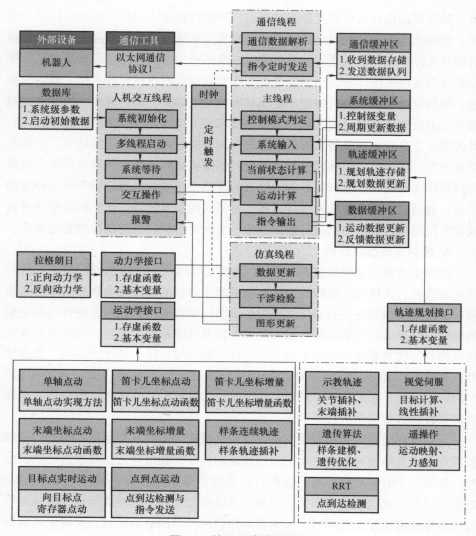

图 5-2　控制系统模块结构

计算通过机械臂当前状态和期望状态之差计算机器人系统的控制量，并进行控制量的输出。在仿真状态下，控制量输出模块只对仿真数据进行更新，在实际控制状态下，还需要将输出数据加入通信缓冲区队列。

仿真线程通过读取数据缓冲区数据来得到机器人当前状态，对机器人图形进行更新。通过干涉检验模块计算机器人在新状态下是否会与环境发生干涉碰撞。如果存在碰撞风险，模块将进行报警，并对控制缓冲区中表征状态安全的变量进行置位。在机器人主线程的下一个控制周期内，置位的安全状态变量将阻止机器人继续运动。

机器人的运动模块和轨迹规划模块同时存在多种实现方法，如机器人的运动学分为单轴点动、末端笛卡儿坐标点动、末端坐标点动、单轴增量、末端笛卡儿坐标增量、末端坐标增量方法等。轨迹规划模块又分为 RRT 轨迹规划、样条轨迹规划、示教、智能化方法等。为了使机器人系统能够灵活调用和切换这些方法，对这些方法建立了一个统一的调用接口，接口类中只有共性的成员变量和纯虚成员函数。主线程只有接口类指针，在控制模式判定函数中，根据当前控制模式，将对应实现方法的指针赋给接口类指针，完成方法调用的切换。

5.2.2　实时数据流方法

机器人运动控制与仿真系统中存在主运动控制线程、仿真线程、通信线程、干涉检验线程、显示线程等诸多线程的数据交换和并行计算。每个线程下的很多计算模块依据软件分工进行数据处理，例如，主运动控制线程下的机械臂运动学模块分为单轴点动模块、末端笛卡儿点动模块、末端坐标系点动模块、关节增量模块、末端笛卡儿增量模块、末端坐标系增量模块、预定义轨迹处理模块、点到点运动轨迹处理模块等。这些纷繁复杂的模块与线程之间需要进行大量的实时数据交换，不同模块、不同线程在访问缓冲区时容易造成系统资源访问冲突。经典的线程、模块互斥机制由于访问者数量大会非常复杂。

机器人运动控制与仿真系统中难以处理的数据流关键问题主要是：大量数据的多目标、多需求实时分发方法和多线程下公共数据缓冲区的互斥访问问题。机器人控制系统中的很多数据需要实时更新，不同模块需要的数据也不尽相同。目前的方法通常是模块到缓冲区取自己需要的数据，但这样会引起缓冲区访问量大、模块访问等待等问题。多线程下公共数据的互斥访问问题比较显著，异常的同时读操作和写操作容易造成无从查找的数据错误。

由此，本节针对机器人运动控制与仿真系统中常见的实时数据流处理关键问题提出了"实时数据分发"和"唯一缓冲区访问权限"的方法。

1. 实时数据分发

实时数据分发方式是将数据产生方和数据接收方分别定义为"Subject"（主题）类和"Observer"（观察者）类。主题和观察者的父类都定义为接口类，将计算机控制系统中需要进行数据接收的模块定义为对观察者类的继承，将产生数据需要进行数据分发的类定义为对主题类的继承。"Interface"（接口）类中不定义具体函数方法，只作为调用该类子类型指针的统一接口，实时数据分发方式如图 5-3 所示。每个观察者都有一个 Updata（）方法，这个函数负责对得到的数据信息进行实时更新和处理。主题类拥有数据，为了进行数据分发，主题类设置了三个必需函数：RegisterObservers（）用来进行观察者的注册，需要数据的模块通过该函数将自己的指针复制给主题类，保存在主题类的指针队列中；RemoveObserver（）用来移除队列中的指针，被移除指针的模块将不能够再得到主题类的数据信息；NotifyObservers（）用来主动对观察者类的数据进行更新，在这个函数中，主题类逐一通过自己类内保存的观察者类指针直接调用观察者的Updata（）函数，进行数据更新。也就是说，观察者在数据变化之后，为了对整个系统中需要这些数据的模块进行实时数据分发，预先保存了所有需要其数据模块的指针，不需要其他模块各自读数据，而是主动帮助需要数据的模块进行数据更新。

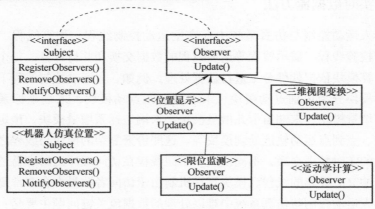

图 5-3　实时数据分发方式

这种方式是将数据产生方和数据接收方进行松耦合，两者之间依然产生交互，但不再关心彼此的细节。例如，数据接收方不需要知道它所需要的每个数据的地址，数据产生方也不需要知道这些数据的用途，它们之间的联系仅仅建立在主题类拥有需要其数据的模块指针，必要时实时调用对方的Updata（）函数帮助其进行更新即可，至于更新哪些数据、如何更新，则由数据接收模块在自己的Updata（）函数中定义。这样的优势在于如果有模块需要数据，可以随时定义新的观察者，将其指针注册给主题类，不再需要做其他更改，保证了整个通信系统的模块化和完整性；而且是由数据产生方进行更新，保证了系统数据分发的实时性。

2. 唯一缓冲区访问权限

机器人控制系统中存在多线程对同一缓冲区进行读写的情况。为了简单、有效地进行线程间的互斥，需要对缓冲区进行封装。建立缓冲区的唯一指针，只有得到这个指针，才能对缓冲区进行数据读写的访问。在多线程数据访问中，不同的线程如果想要访问缓冲区，需要取得缓冲区唯一的指针，利用指针进行数据读写操作。操作完毕，其他线程才能够得到该指针并进行访问。通过唯一缓冲的指针进行缓冲区访问权限管理只需要三个步骤，以机器人运动控制与仿真系统中的机器人运动控制缓冲区为例，其访问权限实现方法见表 5-1。

表 5-1　唯一缓冲区访问权限实现方法

步骤	实现	方法

1	Class CRobotBuffer：
	{
	public：
	　　CRobotBuffer（void）；
	　　~CRobotBuffer（void）；
	public：
	　　static CRobotBuffer * GetInstance（）；
	　　static CRobotBuffer * uniqueInstance；
	}
		在缓冲区类的成员函数内定义静态成员函数和静态成员指针变量。这个指针变量就是能够访问该缓冲区的唯一指针

2	#include" RobotBuffer. h"
	CRobotBuffer * CRobotBuffer：：uniqueInstance；
	CRobotBuffer：：CRobotBuffer（void）
	{
	　　………
	}
		由于静态成员变量不能在类中初始化，因此需要在".cpp"文件中的类构造函数前对静态成员变量进行初始化

3	CRobotBuffer * CRobotBuffer：：GetInstance（）
	{
	　　if（uniqueInstance == NULL）
	　　{
	　　　　uniqueInstance = new CRobotBuffer（）；
	　　}
	　　Return uniqueInstance；
	}
		在".cpp"文件中的类构造函数后对静态成员函数进行定义。该函数的作用是供多线程下的模块进行调用，通过静态成员函数返回静态成员变量指针，从而获得缓冲区的访问权

　　该方法利用静态成员变量的唯一性简单、安全地实现了线程间的互斥访问，在机器人控制系统中，每个缓冲区都是唯一的，被设定的缓冲区保存系统实时的运动学、动力学数据或机器人控制参数。因此，从面向对象的角度，这种方法能够保证缓冲区的唯一性，当多线程下的模块需要获得系统参数而访问缓冲区时，这些线程访问的是系统唯一的缓冲区。

5.2.3　图形系统仿真方法

　　机器人运动控制与仿真系统的三维图形化功能能够使操作者在虚拟化环境里全面观察机器人的运动情况，是动态监控、轨迹规划、视觉伺服和遥操作等现代机器人控制方法的重要基础平台。目前，图形系统仿真方法趋近成熟，KUKA 和 Staubli 公司都为自己的工业机器人产品开发了三维仿真平台，但这些仿真平台都是在离线环境下进行离线示教和离线仿真的。计算机中机器人三维图形运动的实现，是根据机器人运动学计算对零部件数学表达进行旋转、平移后的更新显示。因此，在实时系统中，为了提高图形仿真的效率，需要针对加载后的模型几何数据建立更加合理的数据结构。在模型导入过程中，需要抽象得到模型的基本几何信息。模型数据结构和模型的几何信息将为机器人系统干涉检验提供数学依据。

1. 模型加载与数据结构

　　模型以三角面片的 STL 数据结构读入，三角网格间的拓扑重建可以在数据文件读入过程中自动完成。仿真系统中模型的数据结构采用点表、边表和三角形邻接表这样的数据结构形式。其优点在于无论从点、边还是三角面片出发，都可以方便、快速地查找每个节点的星形邻域、网格和边的邻接关系，从而可以有效地遍历整个仿真系图形的拓扑关系，提高计算效率。

　　为了节省存储空间、提高计算效率，点表主要存储网格节点坐标以该点为顶点的三角形号，其中节点坐标在读入过程中自动加入；边表主要存储该边的两个顶点编号及共享该边的三角形号；三角形邻接表主要记录网格节点号、网格间的邻接关系和网格面法矢量，法矢量需在计算后给出。这样，无论是从点、边还是三角面片出发，都能快速地建立邻接关系。

　　在图 5-4 中，三角网格顶点 9 的邻接边号分别是 E1、E2、E3、E4、E5、E6，其邻接顶点编号依次是 1、2、4、5、6、8，邻接网格号分别是 2、3、4、5、6、7，由此便可建立网格节点 9 的邻接关系点表，见表 5-1；边 E1 的端点分别为 1、9，其邻接网格为 4、5，据此建立边 E1 的邻接关系边表，见表 5-2；三角网格 5 的邻接网格分别为 4、6，网格 5 的节点编号依次是 1、2、9，而其三条边界边的编号分别是 E1、E2、E7，由此可建立网格 5 的邻接关系，见表 5-3。采用点表可以有效地消除存储过程中的数据冗余，节省了存储空间；而利用边表和三角网格邻接表，可以方便地提取不封闭模型的边界；三种数据结构的相互嵌套，可以快速查找每个网格的邻接关系和节点的星形邻域，从而提高了计算效率。

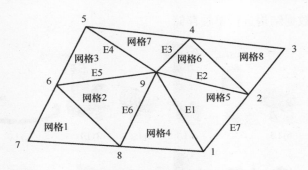

图 5-4　网格拓扑关系

表 5-2　点表

节点	邻接网格号							邻接顶点编号							邻接边					
															E1	E2	E3	E4	E5	E6
9	2	3	4	5	6	7	.	1	2	4	5	6	8	.	9 1	9 2	9 4	9 5	9 6	9 8

表 5-3　边表

边	顶点		邻接网格	
E1	1	9	4	6

表 5-4　三角形邻接表

网格	邻接网格号			网格节点编号			邻接边					
							E1		E2		E7	
5	4	6	1	2	9	9	1	9	2	1	2

2. 仿真拓扑结构

机器人三维图形仿真所依据的基本原理：机器人本体的几何模型由若干个部件模型拼装而成，部件间的相互位置关系由装配信息（关节的结构参数和运动参数）唯一确定，装配信息包括关节类型、关节轴取向、相邻两部件坐标间的相对位置以及关节变量。按照上述原理对手套箱机器人总装配模型进行拆分，手套箱机器人总装配仿真模型如图 5-5 所示，拆分图如图5-6所示。在仿真系统中，每个自由度都需要能够进行相对运动，因此在模型导入过程中，需要对拆分后的部件模

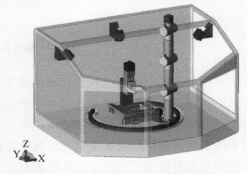

图 5-5　手套箱机器人总装配仿真模型

型按照一定的数据结构进行单独存储。

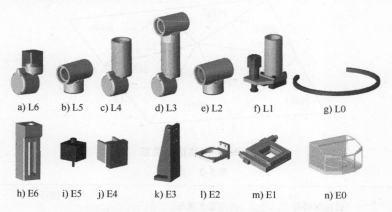

a) L6 b) L5 c) L4 d) L3 e) L2 f) L1 g) L0

h) E6 i) E5 j) E4 k) E3 l) E2 m) E1 n) E0

图 5-6 手套箱机器人仿真模型拆分图

应用树状结构存储仿真系统模型，模型存储结构如图 5-7 所示。机器人各部件分别是多叉树的叶子节点。多叉树存储结构有利于表现模型各部件之间的叠放关系，并能够在仿真过程中通过选择多叉树的中间节点来控制该节点以下几个部件之间的整体运动。

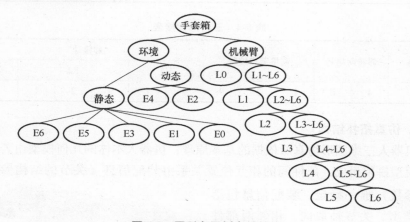

图 5-7 图形多叉树存储结构

仿真系统中机器人模型移动的实质是对模型数据进行三维空间位姿变换，然后刷新显示。模型网格上每一个节点的坐标都会与变换矩阵相乘，从而得到新的空间位置。在多叉树存储结构里，当机器人的某个关节进行运动，使关节上的所有连杆位置发生变化时，这些连杆所在的树状结构中的所有网格面节点都要与关节运动产生的变换矩阵相乘。

若根据机器人运动学得到关节 i 运动的位姿变换增广矩阵为 T_i，关节 i 节点下的模型树网格中第 j 个顶点的当前坐标为 p_j^c，那么，机器人运动后的坐标 $p_j^m = T_i \times p_j^c$。遍历模型所有顶点，依次改变其顶点坐标。如果存在多个关节联动，其位姿变换矩阵分别为 $T_1 \cdots T_i \cdots T_6$，则需要对关节 1 模型树下的 p_j^c 依次进行 $p_j^{m1} = T_1 \times p_j^c$ 的位姿变换遍历，然后对关节 2 模型树下新的顶点位置 p_j^{m1} 进行关于关节 2 位姿变换矩阵的坐标变换 $p_j^{m2} = T_2 \times p_j^{m1}$。以此类推，直到完成所有关节的位姿变换。

3. 机器人仿真系统干涉检验

在机器人运动控制与仿真系统中，应用图形学方法对机器人与虚拟环境之间的位置关系进行实时判断和干涉检验具有重要的应用价值。首先，干涉检验的判定与计算可以作为系统控制的辅助方法，例如，在缺少末端力传感器的遥操作控制中，干涉检验模块所提供的机器人距离外部环境的数据可以作为遥操作力反馈的依据。当机械臂与环境之间的最短距离小于某个数值时，虚拟仿真系统将为遥操作器反馈一个与最短距离成反比的虚拟环境斥力，使操作者感受到机械臂与障碍物的贴近。其次，干涉检验结果可以作为轨迹规划方法中对轨迹安全性的判定。另外，虽然外加距离传感器的实际干涉检验方法能够省去复杂的计算环节，但是一方面，传感器的布置可能存在盲点；另一方面，在机械臂构型复杂的情况下，传感器较难判定传感距离是机械臂相对于外部环境还是相对于自己的其他连杆，而造成识别困难。与之相比，仿真系统中基于虚拟环境的干涉检验计算结果则更加明确。在目前的前沿研究中，很多学者通过视觉传感器等对未知环境进行扫描、建模，然后在系统中进行基于模型的干涉检验以完成判定和决策。

机器人系统的干涉检验方法受到实时性、高效性和准确性的限制。为了提高计算的准确性，需要对机械臂和环境进行更加细化的数学表达，但与此同时，系统的实时性和计算效率就会受到影响。

本书提出了一种基于几何拓扑和边界表示法的空间实体表示方法，将机械臂与不规则环境的干涉检验逐步拆分成更简单的几何形状之间的距离判定。

（1）几何拓扑与边界表示 根据几何形状拓扑学和边界表示法，对几种几何图形进行如下定义：

1）线段：由直线和两个端点组成，如图 5-8a 所示。

2）环：由一系列平面内首尾相连的线段矢量组成，沿线段矢量的方向，根据右手定则，可以得到环所在平面的法向矢量方向，如图 5-8b 所示。

3）有限平面：在平面上，由平面内的环圈成的区域为有限平面，环是有限平面的边界，有限平面的法向矢量方向由环根据右手定则判定，如图 5-8c 所示。

4）实体：由多个有限平面构成的封闭空间区域，实体上有限平面的法线方向都是从实体内部朝向外部，如图 5-8d 所示。

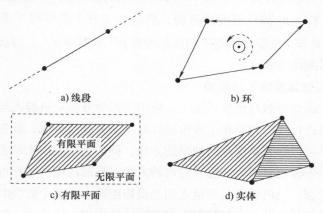

a) 线段　　　　　　　　b) 环

c) 有限平面　　　　　　d) 实体

图 5-8　几何形状拓扑与边界表示

通过定义可知，实体是由多个法矢方向朝外的有限平面构成的，有限平面由环和无限平面组成，环则是由一系列有向线段连接而成的，线段由点和直线构成。各层面之间存在拓扑关系和边界限定条件。用实体描述空间障碍，用面片对空间障碍进行近似和包络，采用单个或多个圆柱作为机械臂连杆或关节的简化表达。如图 5-9 所示，将实体包络拆分成若干个有边界的面，将圆柱简化成带有距离信息的线段。由此，便将机器人与环境之间的距离计算转变成线段与若干个有限平面之间的距离计算。

（2）空间距离计算　在计算线段与有限平面之间的距离时，需要首先对不同情况进行划分。计算逻辑流程如图 5-10 所示，距离计算情况分解如图 5-11 所示。为了判断线段与有限平面之间的相对位置关系，需要进行三个基本判断：端点矢量与面矢量关系判断、线段和平面的交点与环之间位置关系的判断、线段端点投影与环位置关系的判断。

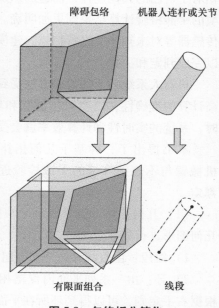

障碍包络　　机器人连杆或关节

有限面组合　　线段

图 5-9　包络拆分简化

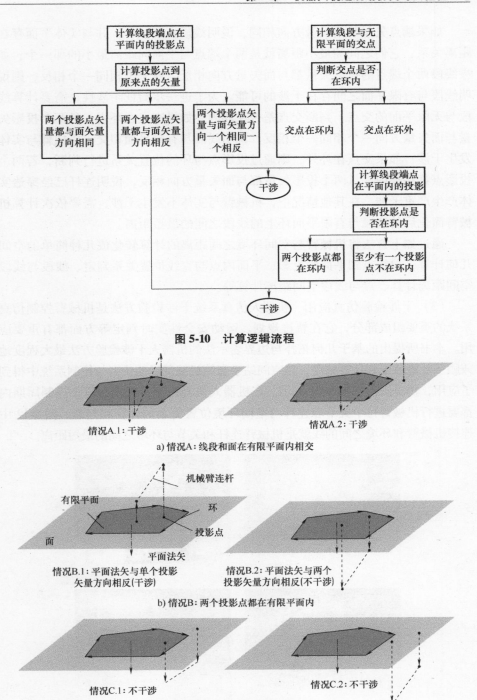

图 5-10　计算逻辑流程

a) 情况A：线段和面在有限平面内相交

b) 情况B：两个投影点都在有限平面内

c) 情况C：至少有一个投影点不在有限平面内

图 5-11　距离计算情况分解

　　如果端点矢量与面矢量方向相同，说明线段在实体外，并与实体平面存在距离关系，它们之间的最小距离就是两个端点与平面间距离最小的那一个；如果线段两个端点的投影矢量都与面矢量方向相反，或一个相同一个相反，则说明线段与有限平面之间存在干涉的可能。为了进一步验证干涉性，需要计算线段与无限平面的交点，判断交点是否在环内，如果交点在环内，且两个投影矢量与面矢量方向一个相同一个相反，说明线段与有限平面相交，机械臂与实体发生干涉；如果交点在环外，则通过投影点与环的位置关系进行判断，若两个投影点都在环内，且两个投影矢量都与面矢量方向相反，说明连杆已经穿透实体产生严重干涉。在其他情况下，机械臂与实体不发生干涉，需要依次计算机械臂简化后的线段与有限平面环上的线段之间的最短距离。

　　通过如上方法将机械臂与空间环境之间距离的计算转化成几种简单的空间几何计算，包括点到平面的投影、平面内点与直线位置关系判定、线段与线段空间距离计算、点与线段空间距离计算等。

　　（3）干涉检验仿真应用　机器人仿真系统干涉检验方法是机械臂控制仿真系统的重要组成部分，它在轨迹规划、运动安全性实时判定等方面都有重要应用。本书所提出的基于几何拓扑与边界表示法的机器人干涉检验方法最大程度地兼顾了计算效率和计算精度，在空间站手套箱机械臂运动仿真与控制系统中得到了应用，仿真图形如图 5-12 所示。在机器人仿真控制系统中，每个控制周期内都要进行机械臂每个关节和连杆与空间环境位置关系的计算和判断。图 5-12 中连接机械臂和环境之间的线就是机械臂连杆和关节与环境之间的最短距离。

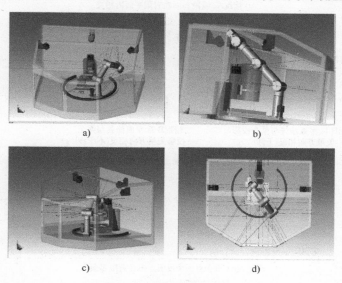

a)　　　　　　　　　　　b)

c)　　　　　　　　　　　d)

图 5-12　干涉检验应用

5.3　机器人离线高精度估计轨迹规划验证

5.3.1　轨迹规划仿真平台

在机器人运动控制与图形仿真平台中输入搅拌摩擦焊接机器人系统 DH 参数（图 5-13）、零件 STL 模型，构建搅拌摩擦焊接机器人的运动规划与图形仿真系统。该系统在搅拌摩擦焊接机器人的仿真和实际加工过程中负责完成样条拟合与法矢精度估计测试、测量过程中传感器数据的采集、稀疏测量点五次样条拟合、加工刀位点离散、刀位点法向矢量估计以及机器人加工指令自动生成等关键技术验证及实现过程。搅拌摩擦焊接机器人运动控制与仿真系统如图 5-14 所示。

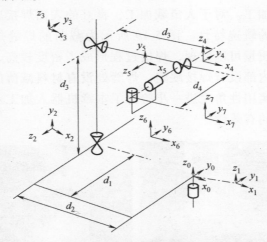

图 5-13　搅拌摩擦焊接机器人系统 DH 参数

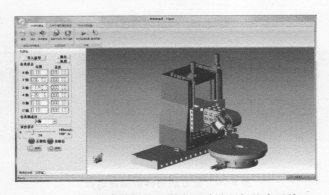

图 5-14　搅拌摩擦焊接机器人运动控制与仿真系统

5.3.2 机器人高精度加工实验

机器人搅拌摩擦焊接系统对大型薄壁复杂曲面零件的焊缝测量过程如图 5-15 所示，在机器人末端安装测头，每隔约 10cm 的距离以恒定低速（如 2mm/s）和任意姿态碰触焊缝。得到的测量点如图 5-16a 所示，通过本书提出的五次分段样条方法拟合测量点，经过拟合、离散后的轨迹点如图 5-16b 所示。采用零倾角工艺进行搅拌摩擦焊接加工，此时搅拌头需要在整个加工过程中与工件表面垂直。将轨迹规划后得到的轨迹点翻译成机器人能够接收的指令代码，在搅拌摩擦焊接机器人上进行多轴联动加工，加工过程如图 5-17 所示，最终加工结果如图 5-18 所示。由图 5-18 可以看出，对具有几何非确定性的加工对象采用本书提出的基于五次分段样条拟合的轨迹规划和法向矢量估计方法，能够实现大型薄壁铝合金零件的高精度搅拌摩擦焊接加工。对于大负载加工，良好的表面焊接质量依赖于规划得到的高阶连续的轨迹特性。图 5-19 所示为截断的焊缝焊接截面。通过观察焊接截面的质量可以发现，焊接过程形成了密度较高、紧密结合的焊核区，焊缝截面内部没有焊接缺陷，焊缝处没有材料减薄的现象。机器人实际加工结果从实用性角度进一步验证了本章机器人加工对象几何非确定性轨迹规划方法的有效性。

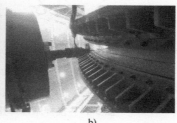

a)   b)

图 5-15　焊缝测量过程

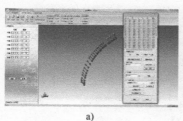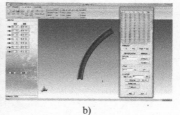

a)   b)

图 5-16　轨迹规划样条拟合过程

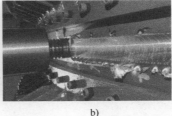

a)　　　　　　　　　　　　　　　　　b)

图 5-17　搅拌摩擦焊接加工过程

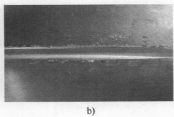

a)　　　　　　　　　　　　　　　　　b)

图 5-18　搅拌摩擦焊接结果

图 5-19　焊接截面

5.4　机器人运动特性多目标轨迹规划验证

为了测试基于高次样条曲线的遗传算法多目标优化方法对机械臂运动过程非确定性的有效性，以手套箱机械臂为实验研究平台，设计了两种工况。机械臂从不同的起始位置向目标点运动，从而检测机械臂在运动过程中的三方面性能：避障能力、轨迹动态特性和时间消耗。

5.4.1　多目标轨迹规划实验

机械臂工作在一个放置实验仪器的封闭狭小空间中。在实验 1 中，机械臂起始关节位置是 [1.4344，-96，-36，138，24，78]；实验 2 中机械臂的起始关节位置是 [97.4344，48，-42，126，18，48]。两次实验的目标位置相同，都是 [127.4344，−66，−27，150，27，36]。针对已知目的点的运动过程非确定性问题，应用本书提出的基于样条描述和遗传算法的多目标轨迹优化方法，得到的实验 1 和实验 2 轨迹分别如图 5-20 和图 5-21 所示。

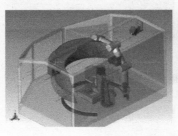
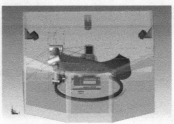

图 5-20 实验 1 轨迹

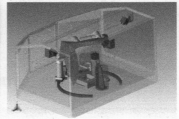

图 5-21 实验 2 轨迹

实验 1 和实验 2 的位置、速度和加速度变化分别如图 5-22～图 5-27 所示。从实验结果可以看出，机械臂各个关节的位置、速度和加速度都高阶连续可导，整个运动过程避开了环境中的障碍。使用 Intel i7 2.2GHz 处理器，在 6s 内对遗传算法中 200 组随机参数进行了 50 次优化，取得了最优解。

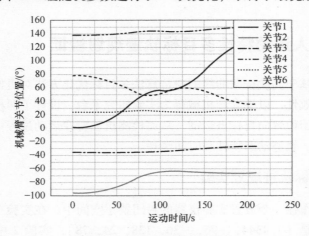

图 5-22 实验 1 关节位置变化

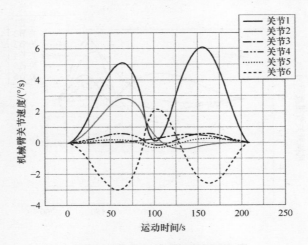

图 5-23　实验 1 关节速度变化

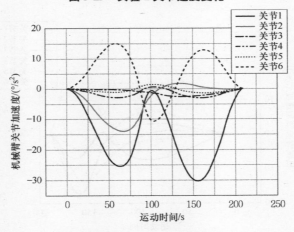

图 5-24　实验 1 关节加速度变化

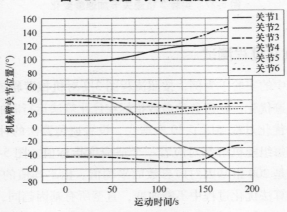

图 5-25　实验 2 轨迹关节位置变化

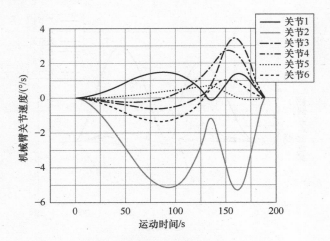

图 5-26　实验 2 轨迹关节速度变化

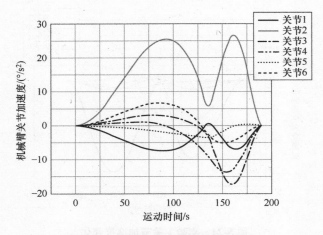

图 5-27　实验 2 轨迹关节加速度变化

5.4.2　轨迹优化过程测试

以 5.4.1 节中的实验 1 为例，按照流程图 3-7 对机械臂轨迹进行基于遗传算法的多目标轨迹优化。轨迹各项参数指标在优化算法运行时的变化过程如图 5-28 所示。整个优化过程经历了 50 次迭代，设置遗传算法的种群数量为 200，每组基因也就是每组随机解都对应着一个适应度指标值。图 5-28 中的曲线所代表的参数值就是 200 组基因对应参数的平均值。由平均值的变化可以看出，整个种群在遗传算法优化过程中不断演变，直至所有基因趋同，各轨迹参数不再发生显著变化。

　　由图 5-28a 可见，适应度指标在前 10 次迭代中急剧减小，说明初始值中存在较多不可行解。这些解在遗传算法迭代过程中很快被去除，剩余的次优解对应的轨迹基本都是可行轨迹，但还不是最优轨迹。再经过 30 次迭代，轨迹参数的适应度指标缓慢变化，并趋于平缓，表明轨迹参数逐渐达到最优。运动时间、关节角度增量、末端轨迹长度和关节转矩超限参数的变化过程与适应度指标参数的变化过程近似，都经历了大量剔除不可行解的急剧下降过程、趋优过程并最终趋于平稳。

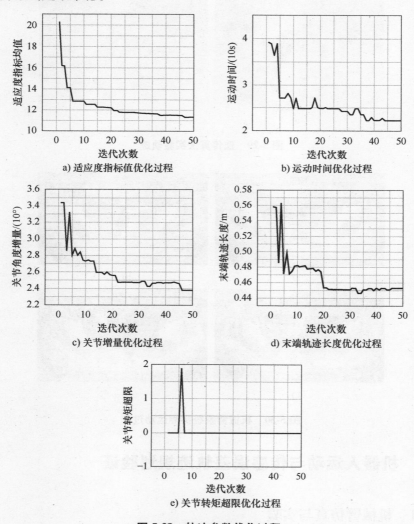

图 5-28　轨迹参数优化过程

5.4.3 实际避障测试

在机器人运动控制与仿真系统中运行本书提出的遗传算法轨迹规划方法，生成能够避开障碍的运动轨迹，如图 5-29 所示。将运动指令发送给机械臂系统执行，机械臂系统实际运动过程如图 5-30 所示，实验过程证实了本书轨迹规划方法的实际应用价值。

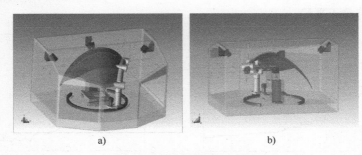

a)　　　　　　　　　b)

图 5-29　遗传算法实验轨迹

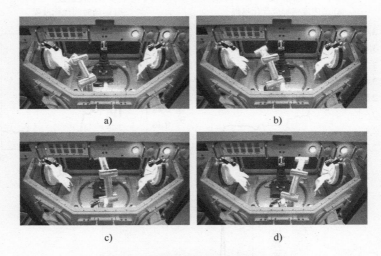

a)　　　　　　　　　b)

c)　　　　　　　　　d)

图 5-30　机械臂系统实际运动过程

5.5　机器人运动与传感误差轨迹规划验证

5.5.1　机械臂仿真与实验

1. 机械臂模型

为了验证基于运动与传感非确定性轨迹规划方法的实用性和正确性，采用手套箱机械臂系统作为实验验证平台,如图 5-31 所示。手套箱机械臂具有六个自由度,包括一个滑动导轨(滑动自由度)、两个旋转自由度和三个俯仰自由度。机械臂运动学模型如图 5-32 所示。机械臂 DH 参数见表 5-5,其中 a_{i-1} 是从 z_{i-1} 到 z_i 沿 x_{i-1} 测量的距离;α_{i-1} 是从 z_{i-1} 到 z_i 绕 x_{i-1} 旋转的角度;d_i 是从 x_{i-1} 到 x_i 沿 z_i 测量的距离;θ_i 是从 x_{i-1} 到 x_i 绕 z_i 旋转的角度。手套箱是一个封闭空间,内部还放置了实验设备,机械臂的工作空间较为狭小,存在与环境发生干涉碰撞的可能。

 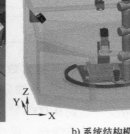

a) 实际系统结构   b) 系统结构模型

图 5-31 手套箱机械臂实验平台

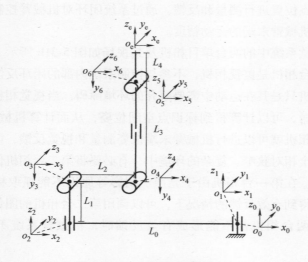

图 5-32 机械臂运动学模型

表 5-5　机械臂 DH 参数

轴	a_{i-1}/mm	$\alpha_{i-1}/$ （°）	d_i/mm	$\theta_i/$ （°）
1	0	0	0	0
2	$-l_0$	0	l_1	0
3	0	-90	0	0
4	l_2	0	0	0
5	0	90	l_3	0
6	0	-90	0	0
末端 e	0	90	l_4	0

　　机械臂系统关节采用 17 位高精度数字码盘，码盘一圈为 131072（2^{17}）线。也就是说，码盘具有 0.0027°的反馈分辨率。在关节驱动器进行 16 倍频之后，关节的理论反馈精度可达到 0.00017°。为了验证本书提出的针对运动与传感非确定性的轨迹规划方法的有效性，提高了实验数据的显著程度：将机械臂系统关节码盘分辨率降低至单圈 1024（2^{10}）线，不在驱动器中进行倍频处理，以增大机械臂系统运动误差。当机械臂系统各关节存在误差时，机械臂的串联铰接结构使误差不断累积，机械臂系统末端将产生较大的误差。为了增大机械臂末端误差，采用视觉闭环控制，在机械臂末端粘贴标识点，增加单目视觉反馈系统对标识点位置进行测量和反馈。通过系统闭环对机械臂控制输入进行实时修正，提高机械臂末端的运动精度。

　　机械臂视觉系统中的两台单目相机及其视场如图 5-31b 所示。没有视场范围显示的第三台相机是监视相机，不参与控制系统内部的闭环反馈，对机械臂而言，这台相机只是其在运动中需要避开的环境障碍。当视觉相机拍到机械臂末端的标识点时，可以计算得到标识点空间位姿，从而计算机械臂末端位姿。理论上，一台相机就可以进行机械臂末端位姿测量和视觉反馈，但是，由于机械臂工作在一个相对狭窄、复杂的环境中，有必要将第二台相机作为第一台相机的系统备份。在第一台相机由于光照、阴影等原因不能抓取标识点特征图像，从而不能得到有效反馈的情况下，可以调用第二台相机的图像进行机械臂末端闭环。当两台相机都不能形成有效反馈时，机械臂系统不再进行视觉闭环。

　　当以视觉相机作为闭环反馈传感器时，由于分辨率的限制、标定误差的影响、在测量原理方面测量深度方向上存在误差，以及机械臂运动对测量的影响，视觉反馈传感不可避免地存在随机误差，也就是测量的非确定性。当机械臂运动与传感同时存在误差时，两者的非确定性将相互耦合和影响。例如，在执行不同的预定义轨迹时，机械臂系统具有不同的关节运动，将产生不同的关节误差和末端位姿变化。因此，当视觉系统对机械臂末端位姿进行测量时，也会就有不同的反馈精度。

机械臂运动控制采用速度控制方式，闭环中断控制周期设置为 100ms。对于工业机器人系统，如 KUKA 机器人，其运动控制周期 $\tau = 12 \sim 15\text{ms}$。但在手套箱机械臂系统中，存在比工业机器人更多的复杂任务，如基于机械臂和环境模型的干涉检验、周期性系统显示更新等。100ms 的控制周期能够使机械臂系统在一个控制周期内完成内部算法的运行。

假定应用轨迹规划方法得到的预定义轨迹 $\chi = \{x_1^*, \ x_2^*, \ \cdots, \ x_t^*, \ \cdots, \ x_n^*\}$，其中 χ 是 n 个周期机械臂关节目的位置矢量的集合。当控制周期 τ 一定，每个周期机械臂关节目标位置已知时，按照机械臂速度控制模型，每个周期机械臂关节运动的速度矢量 ω 一定，$\omega = (x_t^* - x_{t-1}^*)/\tau$。每个控制周期中，系统以 ω 为控制输入，期望机械臂在收到控制输入的下一个中断周期内按照速度 ω 运动，且恰好到达目的位置。也就是说，在理想状态下，机械臂的运动模型可以描述为

$$x_t = x_{t-1} + \tau \cdot \omega_t \tag{5-1}$$

式中，x_t 是第 t 个控制周期机械臂系统的实际状态，$x_t = [\theta_1, \ \theta_2, \ \cdots, \ \theta_6]$；$\omega_t = [\omega_1, \ \omega_2, \ \cdots, \ \omega_6]$。

在实际控制中，由于加减速过程、负载、转矩变化和跟踪误差等非确定因素的影响，机械臂关节实际运动速度不会与指令速度相一致。根据 5.2.1 节所述，机械臂非确定性系统模型可以写成

$$f(x, \ u, \ m) = \begin{bmatrix} \theta_1 + \tau(\omega_1 + \widetilde{\omega}_1) \\ \vdots \\ \theta_6 + \tau(\omega_6 + \widetilde{\omega}_6) \end{bmatrix} \tag{5-2}$$

式中，$x = [\theta_1, \ \theta_2, \ \cdots, \ \theta_6]$；$u$ 为控制输入，$u = [\omega_1, \ \omega_2, \ \cdots, \ \omega_6]$；$m$ 为过程噪声，$m = [\widetilde{\omega}_1, \ \widetilde{\omega}_2, \ \cdots, \ \widetilde{\omega}_6] \sim N(0, \ \sigma_\omega^2 I)$。

根据视觉传感系统的结构，两台视觉相机互为备份，相机坐标系与机械臂基坐标系的转换矩阵分别为 T_{v1}^c 和 T_{v2}^c。根据 4.2.2 节，机械臂观测模型可以写成

$$\begin{cases} h_1(x_t, \ n_t) = T_{v1}^c \cdot g(x) + n_1 \\ h_2(x_t, \ n_t) = T_{v2}^c \cdot g(x) + n_2 \end{cases} \tag{5-3}$$

对式（5-2）和式（5-3）的机械臂系统模型进行微分求导，得到线性化模型参数

$$\boldsymbol{A}_t = diag(1,\ 1,\ 1,\ 1,\ 1,\ 1) \tag{5-4}$$

$$\boldsymbol{B}_t = \boldsymbol{V}_t = diag(\tau,\ \tau,\ \tau,\ \tau,\ \tau,\ \tau) \tag{5-5}$$

$$\begin{cases} \boldsymbol{H}_t^1 = \boldsymbol{T}_{v1}^c \cdot \boldsymbol{J}_t(t) \\ \boldsymbol{H}_t^2 = \boldsymbol{T}_{v2}^c \cdot \boldsymbol{J}_t(t) \end{cases} \tag{5-6}$$

式中，τ 是机械臂的中断控制周期；$\boldsymbol{J}_t$ 是机械臂在第 t 个控制周期时的雅可比矩阵。

2. 机械臂关节方差估计

根据设计安装过程的精度测量数据和系统传感器说明书数据，六个关节误差的方差值设定为 $[0.03°;\ 0.01°;\ 0.03°;\ 0.03°;\ 0.01°;\ 0.02°]^2$，视觉系统对机械臂末端位姿测量误差的方差值为 $[0.7mm;\ 0.7mm;\ 6mm;\ 1°;\ 1°;\ 1.2°]^2$。机械臂以起始关节角度 $[59.4344;\ 48;\ -43;\ 144;\ 28;\ 32]$ 到达笛卡儿坐标系下目的点（0mm；200mm；0mm），目的点对应的关节角度为 $[127.4344;\ -66;\ -27;\ 150;\ 27;\ 36]$。目标位置范围设定为 $((0\pm1)mm;(200\pm1)mm;(0\pm1)mm)$。

如图 5-33 所示，应用基于快速扩展随机树的轨迹规划方法生成机械臂避障轨迹，应用基于运动与传感非确定性的轨迹生成方法对机械臂运动过程及其误差进行仿真，得到估计过程中机械臂关节和末端的误差椭球。各关节在整个轨迹过程中的误差分布如图 5-34 所示，为了更清楚地显示分布情况，对误差进行了放大 200 倍处理。在沿着预定义轨迹运动的过程中，机械臂连杆与周围环境之间的最短距离及非确定性误差带如图 5-35 所示。从图 5-35 中可以看出，所有的非确定性误差范围都远远小于连杆与环境之间的最短距离。因此可以断定，机械臂在运动非确定性和视觉传感非确定性影响下依然能够安全地避开障碍。

为了对所提出的非确定性轨迹规划方法进行验证，通过对机械臂实际运动进行测量，比较实际机械臂末端位置和仿真过程得到的误差椭球之间的关系，验证两者的契合程度。

使机械臂按照预定义轨迹重复运动 100 遍，用激光跟踪仪测量机械臂末端位置并记录数据，测量过程如图 5-36 所示。实际记录轨迹及其与仿真图形的对比如图 5-37 所示。从图 5-37 中可以看出，尽管误差椭球稍大于机械臂末端实际轨迹范围，但两者十分近似，并且具有相同的变化过程和趋势。

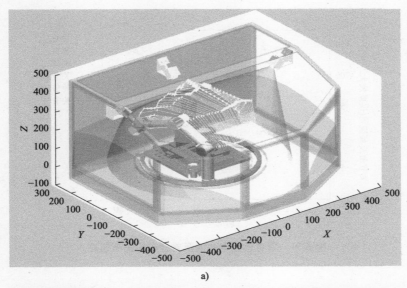

a)

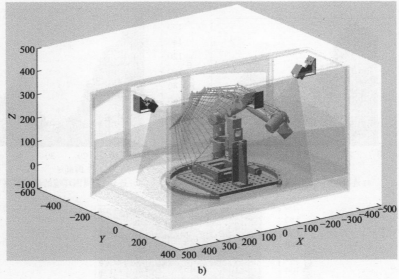

b)

图 5-33　非确定性轨迹生成

　　仿真和实验结果表明，误差椭球在机械臂末端超出视觉系统范围时逐渐扩大，在视觉系统能够提供有效反馈的情况下又迅速缩小，表明基于视觉反馈的闭环控制能够提升机械臂的运动精度。但误差椭球并不是无限缩小的，当视觉传感与机械臂之间形成未定闭环系统时，误差椭球的大小几乎保持不变。误差椭球的大小与运动和反馈系统的不确定性程度直接相关。

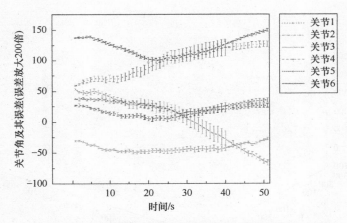

图 5-34　带有放大 200 倍误差分布的关节轨迹

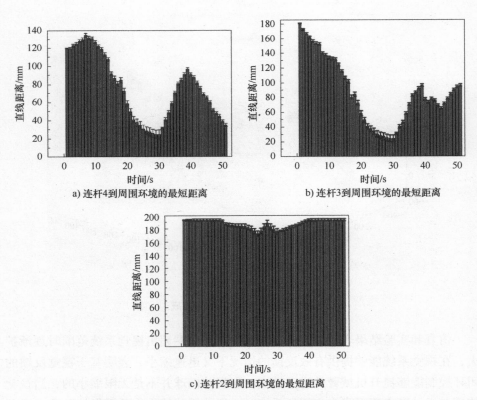

a) 连杆4到周围环境的最短距离

b) 连杆3到周围环境的最短距离

c) 连杆2到周围环境的最短距离

图 5-35　机械臂连杆与环境之间的最短距离及非确定性误差带

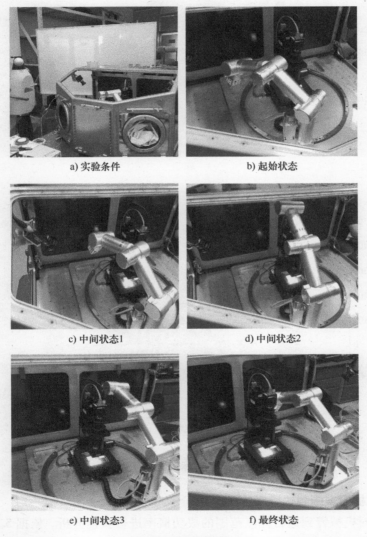

a) 实验条件   b) 起始状态

c) 中间状态1   d) 中间状态2

e) 中间状态3   f) 最终状态

图 5-36 测量过程

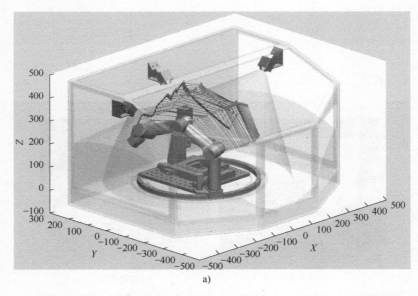

a)

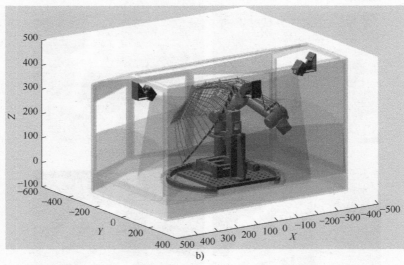

b)

图 5-37　实际轨迹测量图

3. 机械臂末端到达概率估计

　　下面对机械臂到达目标点范围的成功概率进行验证分析。依据 5.5.2 节和 5.5.3 节所述方法计算得到的概率收缩后的概率分布和机械臂在终点处的实际测量点如图 5-38 所示。误差椭球的收缩过程如图 5-39 所示。整个计算过程分为三步：

　　1）对初始误差椭球应用平面约束 $z>-1$ 和 $z<1$，计算得到不与两约束平面发生干涉的新的误差椭球概率分布。

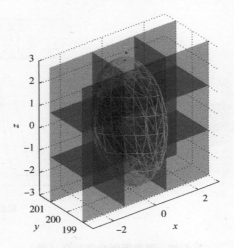

图 5-38　到达目标区域的概率

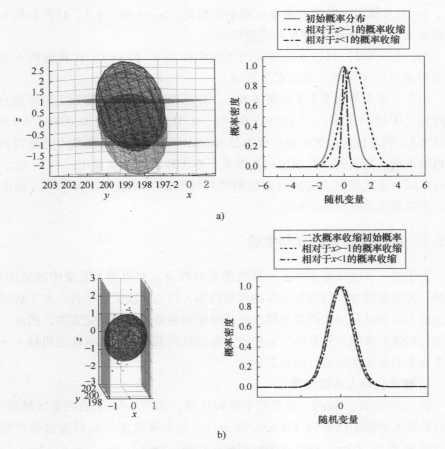

a)

b)

图 5-39　误差椭圆收缩过程

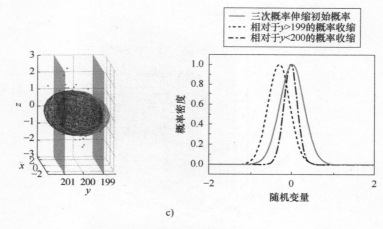

c)

图 5-39　误差椭圆收缩过程（续）

2）对步骤 1）得到的分布应用平面约束 $x > -1$ 和 $x < 1$，计算新的不与两约束平面发生干涉的分布和误差椭球。

3）对步骤 2）得到的分布应用平面约束 $y > -1$ 和 $y < 1$，计算新的不与两约束平面发生干涉的分布和误差椭球。

依据 5.5.2 节和 5.5.3 节所述方法，计算得到机械臂末端误差协方差分布矩阵为 $[0.13, -0.048, 0.0989; -0.048, 0.3137, 0.1398; 0.0989, 0.1398, 0.6896]$，到达目标位置区域的概率是 68.521%。根据实际实验中测量得到的机械臂末端点与目的点区域之间的关系，在 100 次重复实验中，有 71 次到达目标区域，也就是说，实验得到的到达目标区域的成功概率为 71%。由此可见，实验和仿真数据结果相近。

5.5.2　移动机器人仿真与实验

为了进一步验证本书所提出算法的有效性及其在机器人系统中的适用性，选择一种能够通过双目视觉定位的移动机器人作为实验验证平台。由于机器人的运动方向驱动采用无码盘舵机，闭环反馈传感系统采用视觉方法，因此，其运动与传感的非确定性要高于由精密光电信息轮系驱动的自主移动机器人，能够提高本书方法实验验证的显著程度。

1. 移动机器人实验设置

在 6m×6m 的区域内，设置五个障碍区域，如图 5-40 中的阴影区域所示。移动机器人的起始位置为（0.5m，0.5m）。七个视觉定位标识通过弹性塑料片分别放置在（3m，1m）（3m，2m）（5m，1m）（5m，2m）（5m，4m）

（5.5m，2m）（5.5m，4m）的位置，在图 5-40a 中以符号"●"标注。机器人的运动目标是绕过障碍区域，达到以（5.25m，5.25m）为圆心、以 0.25m 为半径的圆形区域内。

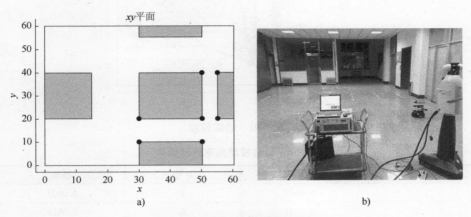

图 5-40　仿真实验初始状态设置

移动机器人在平面内运动，其驱动和建模方式与两轮非全向自主移动小车基本相同。根据对机器人的实际测试，控制系统噪声协方差 M 设定为 diag（$[0.05，0.05，0.5\pi/180]$）^{2}；观测系统噪声协方差 N 设定为 2diag（$[1.1，5\pi/180]$）；初始最优方差估计可以设置为一个较大的参数，如 diag（$[0.1，0.1，0.01]$），在扩展卡尔曼滤波的迭代中自动收敛。

视觉反馈系统的置信区间为在 30°视场角、2m 远范围内计算得到的信标有效传感位置。

2. 运动规划仿真

使用激光跟踪仪跟踪测量移动机器人的位置。机器人采用 LQR 线性控制策略，当没有接收到视觉系统的传感数据时，在控制周期内进行式（4-22）、式（4-23）的计算；当接收到视觉位置反馈时，进行式（4-22）~式（4-26）的迭代。

首先，以样条化避障方法规划从（0.5m，0.5m）处到（5.25m，5.25m）处的八条轨迹，并对轨迹进行样条化处理，如图 5-41 所示。

其次，采用 4.5 节所述方法，对轨迹进行周期性迭代，在仿真轨迹运动的同时，计算每个周期概率椭圆的几何信息和机器人与环境障碍的碰撞情况，从而对每条轨迹进行整体成功概率评估。然后计算得到所有轨迹的成功概率，见表 5-6。

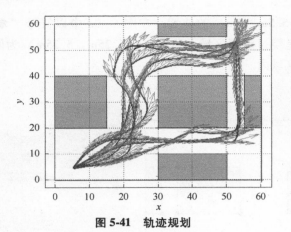

图 5-41　轨迹规划

表 5-6　轨迹成功概率估计结果

序号	概率	序号	概率
1	0.0032	5	0.0021
2	0.0041	6	0.6826
3	0.0052	7	0.6535
4	0.0038	8	0.8356

　　最优轨迹概率椭圆分布和最差轨迹概率椭圆分布分别如图 5-42a、b 所示。不难理解，图 5-42a 中的轨迹虽然引导机器人进入了相对狭窄的通道，但由于整个过程有视觉反馈信标的引导，其行为误差的概率椭圆一直保持在一个较小的范围内，几乎不与障碍相交。因此，轨迹的成功概率较大。图 5-42b 中的轨迹虽然使机器人走在相对宽敞的通道内，但由于缺乏视觉反馈，其误差概率椭圆不断增大。实际机器人运动时，也会因为缺少反馈系统的闭环控制而不断累积误差，从而很难达到目标点附近。

3. 实验验证

　　为了验证本书算法的有效性，让机器人按照一条规划轨迹多次重复运动。用激光跟踪仪测量机器人的实际轨迹（图 5-43），定性地判定实际轨迹分布是否与计算得到的概率分布相一致。另外，将机器人成功到达目标点的次数百分比和计算得到的轨迹成功概率进行定量的比较，验证概率估计算法的准确性。

　　通过激光跟踪仪检测机器人运动轨迹，任选一条轨迹进行 30 次重复实验，记录机器人成功到达目标点范围内的次数并计算成功百分比，将其与仿真计算得到的成功概率进行比较。

　　选择轨迹 6 作为比较轨迹，实际轨迹及其概率椭圆分布如图 5-43 所示。其中，机器人有 18 次无碰撞运动到达目标范围，实验过程如图 5-44 所示。

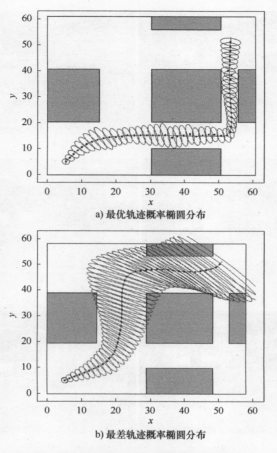

a) 最优轨迹概率椭圆分布

b) 最差轨迹概率椭圆分布

图 5-42　最优及最差轨迹及其概率椭圆分布

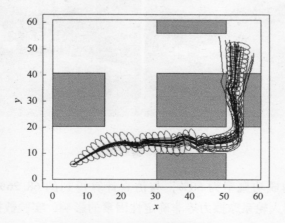

图 5-43　实际轨迹及其概率椭圆分布

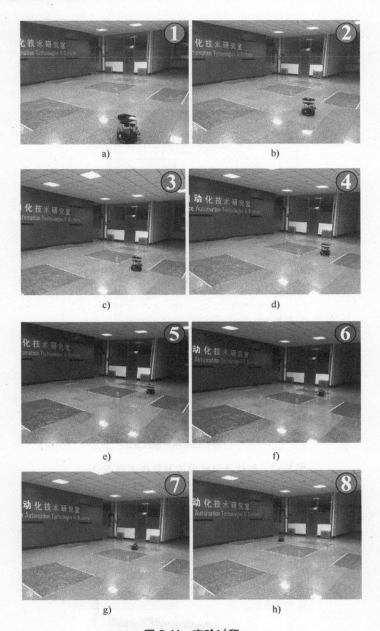

图 5-44 实验过程

实验得到的成功概率为 60%，与仿真计算得到的 68.26% 的成功概率接近。考虑到机器人轮系摩擦力等非确定性因素的影响，实验数据和仿真数据的契合程度比较理想。

　　从实验和仿真结果可以看出，当机器人存在动态运动误差和传感误差时，机器人轨迹过程的误差分布情况是时变的。当机器人具有一定的运动误差分布时，机器人传感误差对其轨迹过程的误差分布具有决定性影响。例如，在表5-6中，轨迹 6~8 虽然穿越狭窄区域，但由于这几条轨迹有助于机器人捕获标识点进行定位校准，因此，误差概率椭圆在机器人捕获标识点位置后急剧缩小，使机器人能够安全地穿越狭窄区域。但对于轨迹 1~5，规划轨迹不利于视觉反馈，轨迹过程误差不断扩大，导致机器人达到目的点的成功概率很低。由此可以认为，机器人无碰撞到达目的位置的轨迹成功概率是机器人运动误差、机器人传感误差和机器人传感信号分布（如标识点布置等）耦合作用的结果，可以通过本书所述方法计算得到其最终成功概率。

　　采用机械臂和移动机器人系统分别对本书提出的方法进行实验验证后，通过实验数据和仿真数据的对比可以发现，两者之间具有很高的契合度和相同的误差分布变化趋势。充分证明了本书所提出的基于运动与传感非确定性的轨迹规划方法的有效性。

5.6　本章小结

　　本章在 VC 平台上，以 C++语言构建了机器人运动控制与仿真平台；阐述了其系统构成与功能模块化划分的整体构架；提出了在多线程、多任务、多窗口体系下的两种实时数据流方法，消除了控制系统内部线程间同步互斥对系统稳定性造成的负面影响；提出了仿真系统的数据拓扑方式和模型加载方法，实现了与控制系统同步更新的三维动态仿真图形界面；提出了一种基于几何拓扑的干涉检验方法，既保证了干涉检验的精确性，又兼顾了计算效率。

　　该机器人运动控制与仿真系统能够实现示教在线、轨迹规划、遥操作、视觉伺服等功能，是本书理论研究的平台与工作基础，其开放式体系结构能够兼容一般多自由度串联结构机器人的控制和仿真，只要输入机器人 STL 模型及其 DH 参数等，就可以对相应的机器人进行系统控制与仿真。本书基于不同机器人系统的仿真和实验都是以本章开展的机器人运动控制与仿真平台的研究为依托。

参考文献

［1］ MOSAVI A, VARKONYI-KOCZY A R. Integration of machine learning and optimization for robot learning ［C］//15th International Conference on Global Research and Education. Warsaw, Poland: GRE, 2016: 349-355.

［2］ 任福继, 孙晓. 智能机器人的现状及发展 ［J］. 科技导报, 2015, 33 (21): 32-38.

［3］ 高峰, 郭为忠. 中国机器人的发展战略思考 ［J］. 机械工程学报, 2016, 52 (7): 1-5.

［4］ 邱长伍, 王龙梅, 黄彦文. 基于积式决策的全方位移动双臂机器人连续轨迹任务多目标规划 ［J］. 机器人, 2013, 35 (2): 178-185.

［5］ 张书涛, 张震, 钱晋武. 基于 Tau 理论的机器人抓取运动仿生轨迹规划 ［J］. 机械工程学报, 2014, 50 (13): 42-51.

［6］ 乔玉晶, 王浩然, 赵燕江. 大尺寸曲面零件的双目视觉测量网络规划研究 ［J］. 仪器仪表学报, 2015, 36 (4): 913-918.

［7］ WESLEY R M, ROBERT W A, RONALD E J. Friction stir lap welding methods for manufacturing efficient large-scale spaceflight pressure vessels ［C］ // 6th International Symposium on Friction Stir Welding. St. Sauveur, Canada: FSW, 2006: 1-9.

［8］ 张博, 梁斌, 王学谦, 等. 双臂空间机器人可操作度分析及其构型优化 ［J］. 宇航学报, 2016, 37 (10): 1207-1214.

［9］ 袁康正, 朱伟东, 陈磊, 等. 机器人末端位移传感器的安装位置标定方法 ［J］. 浙江大学学报, 2015, 49 (5): 829-834.

［10］ 刘倩, 桂建军, 杨小薇, 等. 工业机器人传感控制技术研究现状及发展态势: 基于专利文献计量分析视角 ［J］. 机器人, 2016, 38 (5): 612-620.

［11］ 梅江平, 臧家炜, 乔正宇, 等. 三自由度 Delta 并联机械手轨迹规划方法 ［J］. 机械工程学报, 2016, 52 (19): 9-17.

［12］ KRAJNIK T, CRISTOFORIS P D, KUSUMAMK, et al. Image feature for visual teach and repeat navigation in changing environments ［J］. Robotic and Automation Systems, 2017, 88: 127-141.

［13］ EBERLE H, NASUTO S J, HAYASHI Y. Integration of visual and joint information to enable linear reaching motions ［J］. Scientific Reports, 2017 (3): 1-12.

［14］ GAO X, ZHANG T. Unsupervised learning to detect loops using deep neural networks for visual SLAM system [J]. Auton Robot, 2017, 41: 1-12.

[15] 李睿. 机器人柔性制造系统的在线测量与控制补偿技术 [D]. 天津: 天津大学, 2016.

[16] 杨守瑞, 尹仕斌, 任永杰, 等. 机器人柔性视觉测量系统标定方法的改进 [J]. 光学精密工程, 2014, 22 (12): 3239-3246.

[17] 王飞, 晁智强, 张传清, 等, 基于工业机器人的未知曲面测量算法研究 [J]. 科学技术与工程, 2017, 17 (1): 237-243.

[18] 郑继贵, 邹健, 林嘉瑞, 等. 面向测量的工业机器人误差定位补偿 [J]. 光电子激光, 2013, 24 (4): 746-750.

[19] 董峰. 面向放疗机器人定位床的视觉系统标定与测量方法研究 [D]. 苏州: 苏州大学, 2014.

[20] SAVERIO F, MARCELLO B, LUCA A. A low-cost high-fidelity ultrasound simulator with the inertial tracking of the probe pose [J]. Control Engineering Practice, 2017, 59: 183-193.

[21] 赵军. 大构件焊缝磨抛机器人视觉测量技术的研究 [D]. 长春: 吉林大学, 2014.

[22] 宋亚勤, 张斌, 刘开元, 等. 机器人激光扫描式焊缝测量系统的研究 [J]. 中国计量学院学报, 2016, 27 (1): 33-38.

[23] 陶京新, 刘大亮, 胡文刚, 等. 机器人激光三维扫描技术在壳体自动测量中的应用 [J]. 制造业自动化, 2017, 39 (1): 76-79.

[24] 吕继东. 苹果采摘机器人视觉测量与避障控制研究 [D]. 镇江: 江苏大学, 2012.

[25] 陈雨杰, 鲍劲松, 孔庆超, 等. 基于机器人的大尺寸舱段支架辅助装配方法 [J]. 东华大学学报, 2016, 42 (5): 745-751.

[26] 贾振元, 王永青, 王福吉, 等. 高性能复杂曲面零件测量-再设计-数字加工一体化加工方法 [J]. 机械工程学报, 2013, 49 (19): 126-132.

[27] 孙玉文, 郭东明, 贾振元. 复杂曲面的测量加工一体化 [J]. 科学通报, 2015, 60 (9): 781-791.

[28] 刘海波. 大型不规则薄壁零件测量: 加工一体化制造方法与技术 [D]. 大连: 大连理工大学, 2012.

[29] NI T, ZHANG H Y, XU P, et al. Vision-based virtual force guidance for tele-robotic system [J]. Computers and Electrical Engineering, 2013, 39 (7): 2135-2144.

[30] JENSEN M J, TOLBERT A M, WAGNER J R, et al. A customizable automotive steering system with a haptic feedback control strategy for obstacle avoidance notification [J]. IEEE Transaction on Vehicular Technology, 2011, 60 (9): 4208-4216.

[31] RICHERT D, MACNAB C B, PIEPER J K. Adaptive haptic control for telerobotics transitioning between free, soft and hard environments [J]. IEEE Transactions on System, Man and Cybernetics-Part A: System and Humans, 2012, 42 (3): 558-570.

[32] HE X J, CHEN Y H. Haptic-aided robot path planning based on virtual teleoperation [J].

Robotics and Computer-Integrated Manufacturing, 2009, 25 (4, 5): 792-803.

[33] JOHANSSON R, ANNERSTEDT M, ROBERTSSON A. Stability of haptic obstacle avoidance and force interaction [C] // The 2009 IEEE/RSJ International Conference on Intelligent Robots and Systems. St. Louis, USA: IEEE, 2009: 3238-3243.

[34] PETRIC T, ZLAJPAH L. Smooth continuous transition between tasks on a kinematic control level: Obstacle avoidance as a control problem [J]. Robotics and Autonomous System, 2013, 61: 948-959.

[35] ZHANG L D, ZHOU C J, ZHANG P J, et al. Optimal energy gait planning for humanoid robot using geodesics [C] // 2010 IEEE Conference on Robotics, Automation and Mechatronics. Singapore: IEEE, 2010: 237-242.

[36] ARIMOTO S, YOSHIDA M, SEKIMOTO M, et al. A Riemannian geometry approach for dynamics and control of object manipulation under constraints [C] // 2009 IEEE International Conference on Robotics and Automation. Kobe, Japan: IEEE, 2009: 1683-1690.

[37] WANG Z F, MA S G, LI B, et al. Dynamic modeling for loconotion-manipulation of a snake-like robot by using geometric methods [C] // 2009 IEEE/RSJ International Conference on Intelligent Robots and Systems. St. Louis, USA: IEEE, 2009: 3631-3636.

[38] 赵建文, 杜志江, 孙立宁. 7自由度冗余手臂的自运动流型 [J]. 机械工程学报, 2007, 43 (9): 132-137.

[39] 赵建文, 姚玉峰, 黄博. 一种位姿耦合式冗余度机器人的自运动流形 [J]. 机械科学与技术, 2009, 28 (8): 1012-1017.

[40] 葛新峰, 赵东标. 7自由度自动铺丝机器人参数化的自运动流形 [J]. 机械工程学报, 2012, 48 (13): 27-31.

[41] 续龙飞, 李俊, 甘亚辉, 等. 作业约束下的冗余度机器人自运动避障规划方法 [J]. 中南大学学报, 2013, 44 (2): 98-103.

[42] MOLL M, KAVRAKI L E. Path planning for minimal energy curves of constant length [C] // 2004 IEEE International Conference on Robotics and Automation. New Orleans, USA: IEEE, 2004: 2826-2831.

[43] MULLER A. Collision avoiding continuation method for the inverse kinematics of redundant manipulator [C] // 2004 IEEE International Conference on Robotics and Automation. New Orleans, USA: IEEE, 2004: 1593-1598.

[44] PETRIC T, ZLAJPAH L. Smooth continuous transition between tasks on a kinematic control level: Obstacle avoidance as a control problem [J]. Robotics and Autonomous Systems, 2013, 61: 948-959.

[45] GENG Y. Chaos control algorithm for redundant robotic obstacle avoidance [J]. Information Technology Journal, 2013, 12 (4): 704-711.

[46] PETRIC T, ZLAJPAH L. Smooth transition between tasks on a kinematic control level: Application to self collision avoidance for two KUKA LWR robot [C] // Proceedings of the

2011 IEEE International Conference on Robotics and Biomimetics. Phuket, Thailand: IEEE, 2011: 162-167.

[47] ZLAJPAH L, PETRIC T. Serial and parallel robot manipulators-kinematics, dynamics, control and optimization [M]. Rijeka: Intechopen Press, 2012.

[48] ZLAJPAH L, NEMEC B. Kinematic control algorithms for on-line obstacle avoidance for redundant manipulators [J]. Acm Sigarch Computer Architecture News, 2002, 42 (4): 729-742.

[49] TAROKH M, ZHANG X. Real-time motion tracking of robot manipulators using adaptive genetic algorithms [J]. Journal of Intelligent and Robotic System, 2014, 74 (3): 697-708.

[50] 谢碧云, 赵京, 刘宇. 基于快速扩展随机树的7R机械臂避障达点运动规划 [J]. 机械工程学报, 2012, 48 (3): 63-69.

[51] KUNZ T, REISER U, STILMAN M, et al. Real-time path planning for a robot arm in changing environments [C] // The 2010 IEEE/RSJ International Conference on Intelligent Robots and Systems. Taipei, China: IEEE, 2010: 5906-5911.

[52] YU X W, ZHAO Y, WANG C, et al. Trajectory planning for robot manipulators considering kinematic constraints using probabilistic roadmap approach [J]. Journal of Dynamic Systems, Measurement and Control, 2017, 139 (2): 1-8.

[53] TOSHANI H, FARROKHI M. Kinematic control of a seven DOF robot manipulator with joint limits and obstacle avoidance using neural networks [C] // 2011 2nd International Conference on Control, Instrumentation and Automation. Shiraz, Iran: CIA, 2011: 976-981.

[54] RUBIO F, VALERO F, SUN E J L, et al. A comparison of algorithms for path planning of industrial robots [M]. Berlin: Springer, 2009.

[55] EBERLE H, NASUTO S J, HAYASHI Y. Integration of visual and joint information to enable linear reaching motion [J]. Scientific Report, 2017, 7: 1-12.

[56] MORA P R, CHEN W, TOMIZUKA M. A convex relaxation for the time-optimal trajectory planning of robotic manipulators along predetermined geometric paths [J]. Optimal Control Applications and Methods, 2016, 37 (6): 1263-1281.

[57] ROBIO F, ALBERTC L, VALERO F, et al. Industrial robot efficient trajectory generation without collision through the evolution of the optimal trajectory [J]. Robotics and Autonomous System, 2016, 86: 106-112.

[58] CHEN K Y, FUNG R F. The point-to-point multi-region energy-saving trajectory planning for a mechatronic elevator system [J]. Applied Mathematical Modelling, 2016, 40: 9269-9285.

[59] WANG H S, LAI Y P, CHEN W D. The time optimal trajectory planning with limitation of operating task for the Tokamak inspecting manipulator [J]. Fusion Engineering and Design, 2016, 113: 57-65.

[60] ZHAO D, LI S, ZHU Q. Adaptive synchronised tracking control for multiple robotic manipu-

lators with uncertain kinematics and dynamics [J]. International Journal of Systems Science, 2016, 47 (4): 791-804.

[61] BERG J, ABBEEL P, GOLDBERG K. LQG-MP: Optimized path planning for robots with motion uncertainty and imperfect state information [J]. International Journal of Robotics Research, 2010, 30 (7): 895-913.

[62] DUT N E. Robot motion planning in dynamic, cluttered, and uncertainenvironments: The partially closed-loop receding horizon controlapproach [D]. Pasadena: California Inst. Technol., 2010.

[63] BRY A, ROYN. Rapidly-exploring random belief trees for motion planning under uncertainty [C] // IEEE International Conference on Robotics and Automation. Alaska. USA: IEEE, 2011: 723-730.

[64] HAUSER K. Randomized belief-space replanning in partially-observable continuous spaces [J]. Springer Tracts in Advanced Robotics, 2010, 68: 193-209.

[65] DUT N E, BURDICK J W. Robot motion planning in dynamic, uncertain environments [J]. IEEE Transactions on Robot, 2012, 28 (1): 101-115.

[66] SUN W, BERG J, ALTEROVITZ R. Stochastic extended LQR: optimization-based motion planning under uncertainty [J]. IEEE Transactions on Automation Science and Engineering, 2016, 13 (2): 437-447.

[67] SUN W, PATIL S, ALTEROVITZ R. High-frequency replanning under uncertainty using parallel sampling based motion planning [J]. Robotics IEEE Transactions on Robot, 2015, 31 (1): 104-116.

[68] 周祖德, 魏仁选, 陈幼平. 开放式控制系统的现状、趋势和对策 [J]. 中国机械工程, 1999, 10 (10): 1090-1093.

[69] BRUCE M A, COLE J R, HOLLAND R G. An open standard for industrial controllers [J]. Manufacturing Review, 1993, 6 (3): 180-191.

[70] Chrysler, Ford Motor Co., General Motors. Requirements of open, modular architecture controllers for applications in the automotive industry [Z]. 1997.

[71] HERRIN G E. Open module architecture controllers [J]. Modern Machine Shop, 1995, 68 (11): 160-162.

[72] LUTZ P, SPERLING W. OSACA-the vendor neutral control architecture [C] // Proceedings of the European Conference on Integration in Manufacturing. Dresden, Germany: IM, 1997: 247-256.

[73] WOLFGANG S, PETER L. Designing application for an OSACA control [C] // Proceeding of the International Mechanical Engineering Congress and Exposition. Dallas, USA: IMECE, 1997: 243-249.

[74] CHIHIRO S, OKANO A. Open controller architecture OSEC-II: Architecture overview and prototype systems [C] // Proceedings of IEEE 6th International Conference on Emerging

Technologies and Factory Automation. Los Angeles，CA，USA：IEEE，1997：543-550.

[75] MILLER D J. Standards and guidelines for intelligent robotic architecture［C］// Proceedings of AIAA Space Programs and Technologies Conference and Exhibit. Huntsville，USA：AIAA，1993：21-23.

[76] ANDERSON R J. SMART：A modular architecture for robotics and teleoperation［C］// Proceedings of the IEEE International Conference on Robotics and Automation. Atlanta，GA：IEEE，1993：416-421.

[77] SORENSEN S. Overview of a modular［C］// Industry Standards Based Open Architecture Machine Controller. Proceedings of the International Robots and Vision Automation Conference. Detroit：IRVAC，1993：37-48.

[78] FRENANDEZ J A，GONZALEZ J. The NEXUS open system for integrating robotic software ［J］. Robotics Computer Integrated Manufacturing，1999（5）：431-440.

[79] BRUYNINCKX H. Open robot control software：The OROCOS project［C］// Proceedings of the IEEE International Conference on Robotics and Automation. Seoul，Korea：RA，2001：2523-2528.

[80] 鞠浩. 腹腔镜微创外科手术机器人控制系统研究［D］. 天津：南开大学，2009.

[81] 周扬. 双臂机器人的控制系统建立及阻抗控制研究［D］. 哈尔滨：哈尔滨工业大学，2014.

[82] 潘炼东. 开放式机器人控制器及相关技术研究［D］. 武汉：华中科技大学，2007.

[83] 孙逸超. 仿人机器人控制系统设计与姿态控制方法［D］. 杭州：浙江大学，2014.

[84] 刘森，慕春隶，赵国明. 基于 ARM 嵌入式系统的拟人机器人控制器的设计［J］. 清华大学学报，2008，40（8）：482-485.

[85] 宋伟科. 基于多机器人的开放式智能控制系统关键技术研究与开发［D］. 天津：天津大学，2012.

[86] 刘海涛. 工业机器人的高速高精度控制方法研究［D］. 广州：华南理工大学，2012.

[87] 何永义. 基于视窗平台的机器人控制技术研究及实现［D］. 上海：上海大学，2001.

[88] 祁若龙，周维佳，刘金国，等. VC 平台下机器人虚拟运动控制及 3D 运动仿真的有效实现方法［J］. 机器人，2013，35（5）：594-599.

[89] 戴一帆. 复杂形状薄壁零件加工的综合质量控制［J］. 国防科技大学学报，1996，18（3）：59-62.

[90] 高向东，赵传敏，丁度坤，等. 图像处理技术在焊缝跟踪中的应用研究［J］. 焊接技术，2006，35（2）：3-7.

[91] 贺红林，雷修才，龚烨飞，等. 基于激光视觉监测的焊缝自动跟踪系统研究［J］. 控制工程，2013，20（5）：869-872.

[92] 吕学勤，张轲，吴毅雄. 基于移动焊接机器人动力学的焊缝轨迹跟踪控制［J］. 焊接学报，2013，34（10）：13-16.

[93] 祁若龙，周维佳，张伟. 搅拌摩擦焊接机器人大型薄壁零件空间曲线焊缝测量与轨迹

生成 [J]. 机器人，2014，36（6）：744-750.

[94] ZHANG H J，WANG M，ZHOU W J. Microstructure-property characteristics of a novel non-weld-thining friction stir welding process of aluminum alloys [J]. Materials and Design，2015，86（5）：379-387.

[95] QI R L，ZHOU W J，ZHANG H J，et al. Trace generation of friction stir welding robot for space weld joint onlarge thin-walled parts [J]. Industrial Robot：An International Journal，2016，43（6）：617-627.

[96] 徐文福，杜晓东，王成疆，等. 空间机械臂系统总体技术指标确定方法 [J]. 中国空间科学技术，2013，20（2）：53-60.

[97] 施法中. 计算机辅助几何设计与非均匀有理 B 样条 [M]. 北京：高等教育出版社，2001.

[98] CHOSET H，LYNCH K，HUTCHINSON S，et al. Principles of robot motion：theory，algorithms，and implementation [M]. Cambridge：The MIT Press，2005.

[99] 孙雷. 异构无线环境中联合无线资源管理关键技术研究 [D]. 北京：北京邮电大学，2011.

[100] 张园，沈鹤鸣. 卡尔曼滤波及军事应用 [M]. 北京：国防工业出版社，2016.

[101] BUCHI R. State space control，LQR and observer [M]. Broxton：Books on Demand，2010.

[102] BERTSEKAS D P，TSITSIKLIS J N. 概率导论 [M]. 2 版. 郑忠国，童行伟，译. 北京：人民邮电出版社，2016.

[103] JAYNES E T，BRETTHORST G L. Probability theory：The logic of science [M]. Cambridge：Cambridge University Press，2003.

[104] DURRETT R. Probability：theory and example [M]. Cambridge：Cambridge University Press，2010.

[105] Ardence Inc. RTX 6.1 documentation [EB/OL]. [2008-02-18]. http：//www. ardence. com.

[106] FREEMAN E，FREEMAN E，SIERRA K，et al. Head first design patterns [M]. Boston：O'Reolly Media，2005.

[107] PRATA S. C primer plus [M]. 6th ed. Sebastopol：Addison-Wesley Professional，2013.

[108] 王广春，赵国群. 快速成型与快速模具制造技术及其应用 [M]. 3 版. 北京：机械工业出版社，2013.

[109] 孙玉文，刘伟军，王越超. 基于三角网格曲面模型的刀位轨迹计算方法 [J]. 机械工程学报，2002，38（10）：50-53.

[110] 李少辉. 面向对象程序设计：Visual C++与基于 ACIS 的几何造型 [M]. 2 版. 北京：北京邮电大学出版社，2012.